RISCOS E OPORTUNIDADES NO NOVO MILÊNIO

Consulte nosso catálogo completo e últimos lançamentos em **www.editoracontexto.com.br**.

Boris Tabacof

RISCOS E OPORTUNIDADES NO NOVO MILÊNIO

genética

editoracontexto

Capa e ilustrações de miolo
Thomás Coutinho

Diagramação
Gustavo S. Vilas Boas

Preparação de textos
Lilian Aquino

Revisão
Vitória Oliveira Lima

Dados Internacionais de Catalogação na Publicação (CIP)

Tabacof, Boris
Riscos e oportunidades no novo milênio : superinteligência, genética, inserção cósmica / Boris Tabacof. – São Paulo : Contexto, 2020.
128 p.

Bibliografia
ISBN 978-65-5541-026-6

1. Ciência 2. Filosofia 3. História 4. Tecnologia I. Título

20-1606 CDD 501

Angélica Ilacqua CRB-8/7057

Índice para catálogo sistemático:
1. Ciência e filosofia

2020

EDITORA CONTEXTO
Diretor editorial: *Jaime Pinsky*

Rua Dr. José Elias, 520 – Alto da Lapa
05083-030 – São Paulo – SP
PABX: (11) 3832 5838
contexto@editoracontexto.com.br
www.editoracontexto.com.br

Sumário

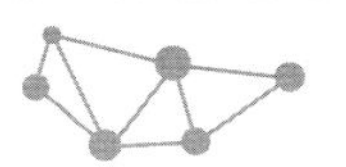

Introdução

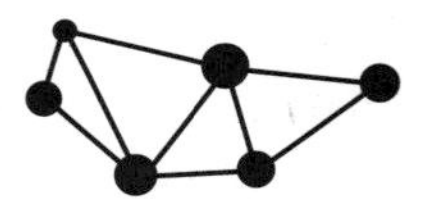

A coruja de Minerva somente alça voo ao cair da tarde, disse Hegel. Agora, a ave da deusa romana está pousada no topo da cerca, à espera de que a tarde chegue ao seu término, mas a sabedoria de Minerva ainda tremula.

Meu tempo é o século XX. Nunca antes na história humana houve tantas inovações e transformações, mas esse também foi o século mais sangrento e destrutivo de todos os tempos.

A genética chega ao íntimo dos microscópicos segmentos que compõem a vida dos seres animados.

As distâncias se encurtam com os voos que contornam o planeta e os meios eletrônicos que levam à informação quase instantânea. A vida humana estende a sua duração, e o sofrimento e a dor são dominados pelos avanços das ciências médicas.

Novas tecnologias e materiais levam à disseminação de ferramentas que transformam o modo de viver e trabalhar. A nova Física molda a visão do universo e de concepções do espaço e do tempo antes inconcebíveis. A fixidez se transforma em relatividade. A incerteza se torna uma lei universal.

E, talvez, mais que tudo, há o computador, cuja velocidade, complexidade e abrangência podem significar uma diferença na forma de vida do *Homo sapiens*. A tecnologia da informação será o motor de uma nova etapa na evolução dos humanos.

O século XX terminou e o novo século XXI está agora sob a responsabilidade de vocês. O viajante carrega seu próprio espaço e tempo. O progresso exponencial da ciência e tecnologia deve, então, transferir sua potência ao bem-estar da sociedade como um todo.

Ao mesmo tempo, o avanço do desenvolvimento tecnológico deste século deve ser cauteloso e equilibrado, devido aos riscos que o planeta pode sofrer caso alguma poderosa tecnologia seja impulsionada para o caminho errado. Por isso, devemos mapear o novo tempo, com suas opções e riscos.

Escolhi três temas que me parecem cruciais para as gerações que ainda virão. São eles: a superinteligência, a genética e a inserção cósmica.

Convido, então, os filósofos e os cientistas para deles se ocuparem, e o leitor para me acompanhar nesta jornada.

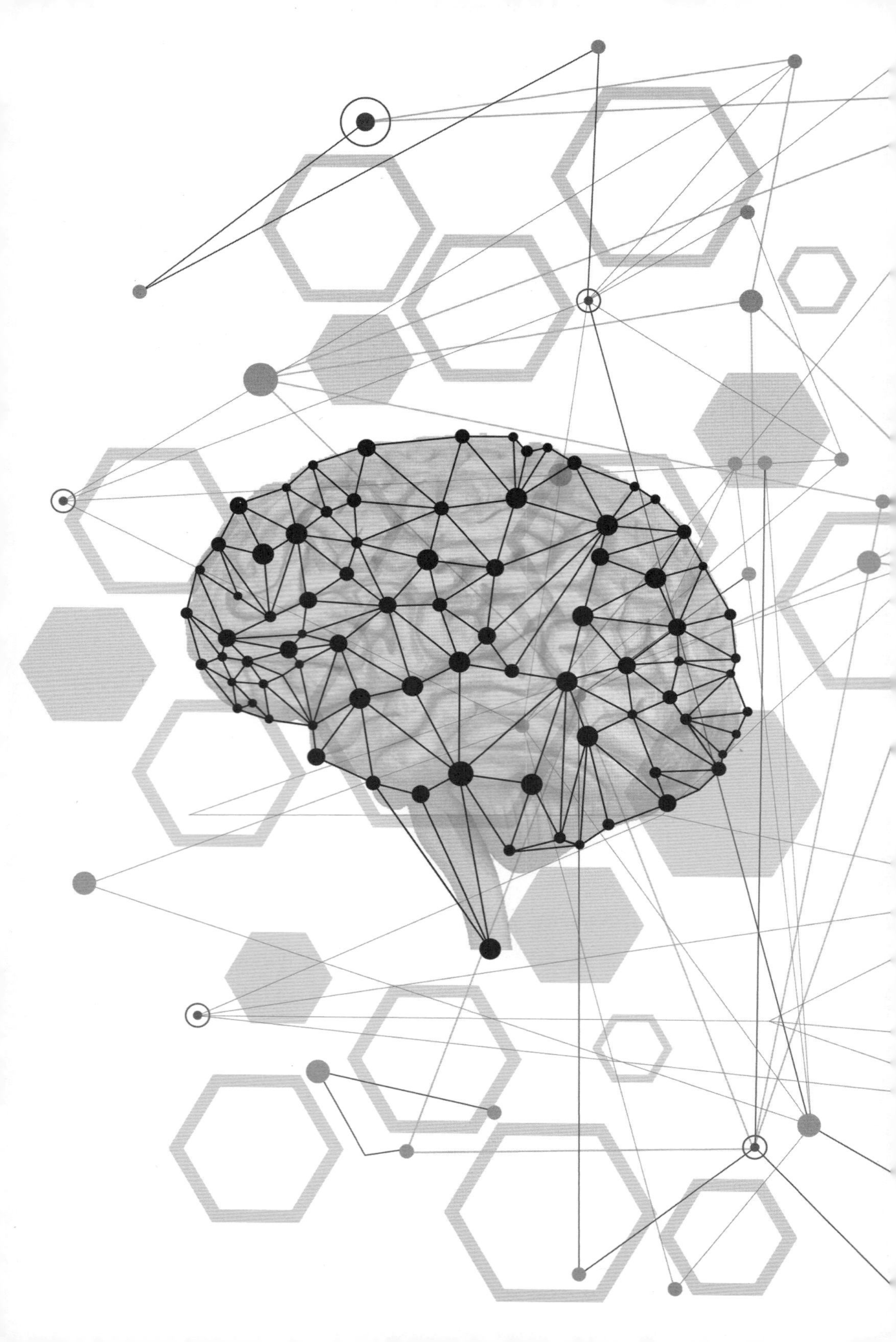

SUPERINTELIGÊNCIA

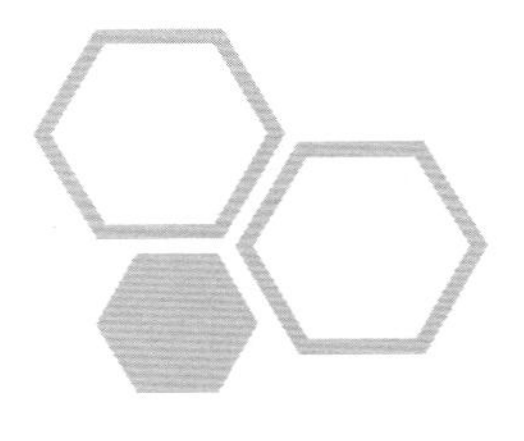

1

A Lei de Moore, que versa sobre a evolução dos computadores, diz que estes dobram sua velocidade e capacidade de memória a cada 18 meses. Se continuar nesse ritmo, o resultado é que as máquinas superarão os seres humanos em inteligência. Quando isso acontecer, precisaremos ter certeza de que os objetivos dos computadores estejam coerentes com os nossos.

Trata-se da criação da Inteligência Artificial (IA), que conseguirá ser melhor do que os homens em seu próprio desenvolvimento, ou seja, se aperfeiçoará sem ajuda humana. Os benefícios para a humanidade serão imensos, se, ao mesmo tempo, evitarmos os possíveis danos causados pela sua indiscriminada utilização para o domínio das forças malévolas que aspiram ao poder.

Dizia Stephen Hawking, o grande cientista já falecido, que o sucesso da criação da IA seria o maior acontecimento da história humana. Infelizmente, pode ser o último, a não ser que aprendamos a prevenir riscos.

2

O matemático Irving J. Good, que fez parte do grupo liderado por Alan Turing que decifrou o código militar inimigo durante a Segunda Guerra Mundial, descreveu (citado por Nick Bostron em seu livro *Superintelligence: Paths, Dangers, Strategies*), em 1965, sua visão da máquina inteligente. Dizia ele:

> Podemos definir como uma máquina ultrainteligente a que possa superar todas as atividades culturais de qualquer homem, por mais capaz que ele seja. Uma de suas atividades intelectuais é desenhar máquinas, uma máquina ultrainteligente que pode projetar máquinas ainda

> melhores. Aconteceria inquestionavelmente uma "explosão de inteligência" e a inteligência do homem seria deixada para trás. Assim, a primeira máquina ultrainteligente é a última invenção que o homem jamais fará, desde que a máquina seja dócil o bastante para nos dizer como desligá-la.

3

A consciência e o conhecimento dos processos que se desdobram no campo da IA podem parecer ficção científica, mas as melhores cabeças no mundo globalizado debruçam-se seriamente sobre estes já citados vieses: as imensas possibilidades de inovação tecnológica e, ao mesmo tempo, os possíveis riscos catastróficos da superinteligência.

Nesse sentido, Max Tegmark, professor de Física do MIT, pondera: se a futura inteligência artificial super-humana tornar-se o maior evento da história humana, como assegurar que não será o último?

As implicações de introduzir uma segunda espécie inteligente na Terra são de tal alcance que merecem o mais profundo estudo da estratégia planetária assumida pelos dirigentes da humanidade. Essa criação é o desafio da próxima geração dos melhores talentos. A civilização como conhecemos está em jogo.

4

Hoje, as máquinas são inferiores aos humanos em inteligência. Algum dia do nosso futuro, elas serão superinteligentes, ou seja, a superinteligência será um intelecto que superará a performance cognitiva dos humanos em todos os domínios. A capacidade de aprender será um dos principais passos para alcançar a IA em todos os campos de interesse, e não apenas em algum projeto particular. O aprendizado da máquina, por meio do qual computadores ensinam a si mesmos a executar tarefas, envolve várias camadas de redes neurais, inspiradas no cérebro humano.

A robotização de jogadores em partidas de xadrez, imbatíveis até por mestres mundiais, não é um exemplo de superinteligência, pois trata-se apenas do domínio de uma atividade, ao passo que aquilo que examinamos aqui são sistemas que alcançam um nível super-humano de inteligência geral. Cientistas e filósofos imaginam e estudam agora diversos caminhos para alcançar a supremacia da IA.

Uma inteligência artificial não precisa necessariamente ser parecida com a mente humana. Os sistemas podem ter, e provavelmente teriam, diferentes arquiteturas em relação à inteligência biológica.

É extremamente importante considerar se a superinteligência será motivada por amor, ódio, orgulho ou outros sentimentos humanos. Se será um grande problema ou uma oportunidade de salto na trajetória evolutiva do planeta.

5

A investigação sobre a capacidade ou não das superinteligências possuírem sentimentos humanos, de participarem da essência não material da humanidade, dos atributos que são comumente chamados de alma, leva-nos ao campo filosófico.

É notável que pessoas que se consideram materialistas ou mesmo agnósticas cheguem a admitir, em tese, que as novas inteligências poderiam ter sentimentos e emoções como o amor e o ódio, a bondade e a maldade, que são objeto do livre-arbítrio, condição para a evolução dos viventes.

A evolução da espécie humana é parte da imensidade da Criação da Vida, que ainda não está ao alcance do entendimento humano. A origem da vida, da mente, precede à do corpo material. É a visão espiritual do Universo, de que qualquer forma material ou máquina é manifestação da energia dirigida por vias transcendentais. Estenderemo-nos sobre esse assunto mais adiante, na terceira parte deste livro, "Inserção Cósmica".

6

O importante livro *Superintelligence, Paths, Dangers, Strategies*, de Nick Bostrom, professor da Universidade de Oxford, enumera cenários que poderiam proporcionar a existência de cérebros artificiais que pudessem, algum dia, ultrapassar os cérebros humanos em inteligência geral, o que os tornaria muito poderosos.

Uma IA superinteligente deverá nascer em um mundo completamente em rede, com a proliferação dos computadores conectados em nuvem; os sensores e drones militares e civis; a automação nos laboratórios de pesquisa e manufatura; a expansão dos sistemas de pagamento e digitalização de ativos financeiros; além de um crescente uso de decisões e informações nos vários campos das atividades humanas.

As grandes transformações nos recursos criados pela própria IA e a arquitetura diversa que a inteligência de máquinas pode adquirir provavelmente terão consequências muito profundas.

É difícil – talvez até impossível – para nós, mesmo de forma intuitiva, prever as aptidões de uma superinteligência, mas podemos, pelo menos, ter indícios de suas vastas possibilidades, olhando para certas vantagens que estão abertas às mentes digitais.

A velocidade crescente dos elementos computacionais comparáveis com os neurônios biológicos é da ordem de sete vezes mais rápida do que a de um microprocessador. Também podemos comparar o número de elementos computacionais do cérebro humano com o hardware dos computadores. O número de neurônios biológicos é limitado pelo volume do crânio, enquanto o dos computadores pode alcançar vastas dimensões, como de um grande armazém, com capacidade ampliada remotamente através de cabos ultravelozes.

Enfim, as vantagens das máquinas inteligentes são imensas. E a vantagem estratégica do cérebro humano é o fato de que ele foi criado primeiro e, assim, não deve perder a condição de comandar todo o processo criativo.

7

A inteligência artificial é um importante salto qualitativo na história da evolução do *Homo sapiens*. A super inteligência, a que chegaremos num tempo ainda indefinido, será necessariamente uma nova forma de expressão do intelecto humano, podendo constituir-se no que seria um mundo com todas as necessidades atuais superadas, sem a competição pela posse dos bens materiais, que serão acessíveis a todos.

Poderá também ser uma alternativa consistente no processo de extinção da humanidade, dada a absoluta capacidade destrutiva propiciada pelo nível pouco evoluído do ser humano da atualidade no âmbito moral.

8

A corrida entre as potências mundiais para deter as vantagens da utilização da IA para fins militares está em pleno curso.

O Departamento de Defesa dos Estados Unidos declarou que a IA "está colocada para mudar o futuro campo de batalha". Uma corrida similar acontece na China, que deseja liderar o mundo da IA até 2030.

O presidente da Rússia, Vladimir Putin, predisse que "quem se tornar o líder nessa esfera vai se tornar o mestre do mundo".

O próprio Pentágono estabeleceu a equipe de "Algoritmos da Guerra", conhecido como Projeto Maven. O general americano Jack Shanahan expressou suas preocupações: "O que eu não quero ver é um futuro em que adversários potenciais têm uma completa força apoiada em IA que nós não temos".

Não é preciso dizer mais nada, a palavra é catástrofe.

9

A IA pode ser definida como uma forma de inteligência similar à dos seres humanos, revelada por máquinas, mecanismos e softwares. Esse tipo de inteligência tem relação direta com o conceito de algoritmo. Os matemáticos gregos, desde a Antiguidade, consideravam o algoritmo uma sequência de passos ou ações para se chegar a um único e preciso resultado – enfim, trata-se dos programas que permitem aos computadores alcançar os resultados desejados.

No século XIX, a matemática inglesa Ada Lovelace escreveu o primeiro algoritmo para ser processado pela máquina de Charles Babbage, considerado um dos precursores da informática, a ciência dos computadores.

O computador eletrônico e digital atual percorreu um caminho iniciado no final do século XIX, quando o matemático George Boole desenvolveu a simbólica lógica 01 – binária, o conhecido 01 e sua metodologia, que esperou a chegada dos instrumentos eletrônicos para viabilizar o computador moderno.

10

É possível acompanhar o desenvolvimento técnico dos computadores digitais em diferentes gerações de aparelhos.

A primeira geração foi a dos instrumentos rudimentares das décadas de 1940 e 1950, que utilizavam válvulas termiônicas e tinham a aparência de lâmpadas elétricas. A segunda geração substituiu as válvulas por transistores. A terceira substituiu os transistores por circuitos integrados. Na quarta geração, os computadores eram construídos com circuitos integrados numa escala muito grande. A quinta é a da inteligência artificial, capaz de se comunicar por meio de uma linguagem natural.

A utilização da IA, mesmo antes de chegar aos níveis de superinteligência, já começa a despertar o interesse de vários segmentos, a começar pela gigante Microsoft, que faz publicidade oferecendo produtos e serviços de inteligência artificial "capazes de revolucionar diversos mercados".

11

Uma pesquisa realizada pelo Fórum Econômico Mundial em 2015, que entrevistou cerca de 800 executivos, apurou que 45% deles esperavam que uma máquina dotada de inteligência artificial pudesse ser utilizada no conselho de administração de suas empresas até 2025. Por outro lado, outra pesquisa daquele Fórum, agora sobre os ganhos de eficiência e produtividade da revolução provocada pela inteligência artificial e a automação das estruturas fabris, revelou que essas novas tecnologias poderiam eliminar 7,1 milhões de empregos nas 15 maiores economias globais nos próximos anos.

Os economistas Carl Benedikt e Michael Osborne, da Universidade de Oxford, avaliaram as perspectivas de 702 profissões em relação com a automação e concluíram que 47% delas vão desaparecer até 2030.

O emprego será a grande questão social e política desses novos tempos. No Brasil, os prognósticos da Fundação Getúlio Vargas (FGV) preveem que a inteligência artificial pode aumentar o desemprego no país em quase 4 pontos percentuais nos próximos

15 anos. Os mais afetados serão os trabalhadores menos qualificados, que poderão ver o desemprego aumentar em 5,4 pontos percentuais. Já o número de vagas qualificadas pode subir com a adoção massiva da IA em até 1,56 ponto percentual.

A inteligência artificial aumentará a desigualdade no Brasil, segundo o professor Felippe Serigati da FGV. Mais uma vez, a educação é a ferramenta mais importante do que nunca para o futuro do Brasil e pagará dividendos por muitas décadas.

O avanço atual das tecnologias da inteligência artificial e da automação possibilitará ao Brasil uma oportunidade única de superar o atraso crescente em relação aos países mais desenvolvidos e em desenvolvimento. É necessário criar um senso de urgência, que depende de uma alteração profunda no modo de pensar e agir das elites nacionais, responsáveis, até agora, por uma atitude de desinteresse pelas prioridades essenciais, bastante conhecidas, diferentemente do que acontece com nações como a China, a Índia, a Coreia do Sul e outros países até menores.

O avanço digital não é um assunto do futuro, mas, sim, do presente. O fosso que está se abrindo entre as nações digitais e aquelas que operam em bases analógicas pode se tornar irreversível.

O Brasil deve urgentemente procurar ficar no lado daqueles países que sobreviverão.

12

A superinteligência pode também ser definida como qualquer intelecto que exceda grandemente a performance cognitiva dos humanos em todos os domínios de interesses.

Ainda há um longo caminho a percorrer até alcançar esse que será o maior evento da história humana. Há várias hipóteses para chegar até lá, passando por etapas que começam a se desenhar agora, produzindo avanços tecnológicos de grande importância, mas também já revelando seus perigos catastróficos.

A implantação da nova tecnologia 5G deverá possibilitar um salto na velocidade e na capacidade das comunicações. Baixar dados pode ficar até 100 vezes mais rápido, em comparação com as redes atuais. Mas a 5G não é só velocidade. Ela permitirá um aumento exponencial no número de conexões entre bilhões de aparelhos.

Haverá máquinas conversando com máquinas e mais pessoas com múltiplos aparelhos. A tecnologia da quinta geração da telefonia celular será parte integral das comunicações e da própria infraestrutura do país.

Nesse sentido, a tecnologia 5G pode ser explorada para espionagem e sabotagem de instalações cruciais de infraestrutura, inclusive ciberataques a concessionárias públicas, redes de comunicações e centros financeiros.

Em qualquer confronto militar, tais ataques implicariam mudanças drásticas na natureza de uma guerra, causando prejuízos econômicos e desestabilizando a vida civil longe do conflito, sem necessidade de balas e bombas.

Atualmente, há apenas três empresas globais capazes de oferecer uma ampla escala de equipamentos de redes sem fio avançadas, sendo uma delas chinesa.

A disputa entre elas é evidentemente comercial e se confunde com questões de segurança das nações do Ocidente e do Oriente, em potencial conflito estratégico. É possível prever uma nova guerra fria, desta vez entre os Estados Unidos e a China, que pode não ter vencedor no final.

No que se refere às tecnologias cruciais, como a de produção de semicondutores, os chips na 5G, não é possível dizer onde termina o comércio e começa a segurança nacional.

13

A imensa utilização das redes de telefonia para as comunicações de toda a ordem é indispensável na vida atual.

Ao mesmo tempo, essa tecnologia permite o ataque ilegal e clandestino dos *hackers* a sistemas, o que ameaça a segurança e privacidade de seus usuários. Por meio de robôs, milhões de mensagens são disparadas diariamente, parte delas para a divulgação de notícias e informações falsas, as *fake news*. Fins políticos, campanhas de ódio e discriminação encontram nos meios telefônicos um veículo eficaz para os seus propósitos.

O chefe do Comando de Defesa Cibernética do Exército brasileiro, o general Guido Amin Naves, afirma que "fronteiras não significam nada" em relação aos ciberataques.

Agente dessa atividade, o *hacker* é um usuário do computador que se comunica com outros computadores remotos, usualmente via rede de telefone ou internet, acessando computadores remotos sem permissão para obter informações confidenciais de pessoas, empresas e instituições.

Os sistemas de computador são vulneráveis à infiltração de vírus ou bugs, o que pode conferir aos controladores dos computadores intenções malignas. Isso levou à crescente demanda por programas antivírus, desenvolvidos por especialistas em segurança de computadores. É uma disputa interminável, com a sofisticação dos *hackers* ou das organizações criminosas.

Com a inteligência artificial, cresce a capacidade de os *hackers* invadirem celulares para obter acesso a inúmeras mensagens trocadas por meio de aplicativos, como aconteceu recentemente com autoridades brasileiras, ocasionando crises políticas. E, muitas vezes, é quase impossível distinguir se são dados verdadeiros ou forjados.

Para tentar superar as possíveis defesas e investigações, criam-se as *deepfakes*, as falsificações, que têm uma capacidade ímpar de gerar narrativas altamente verossímeis, mas inteiramente falsas. São particularmente perigosas, causando explosões de ódio políticas, ideológicas e segregacionistas.

Especialistas chegam a afirmar que estamos na era da pós-verdade. Não significa que a verdade não mais exista, mas que ela já não importa.

O escritor israelense Yuval Harari, autor de best-sellers, afirma que a verdade nunca teve papel de destaque na agenda do *Homo sapiens*. Com a IA, a falsificação pode chegar ao seu auge.

Com a utilização das *deepfakes*, as mentiras profundas alcançam agora as campanhas eleitorais, com a produção de vídeos falsos. O ciclo eleitoral em diversos países, inclusive Estados Unidos e Brasil, pode ocorrer sob essa sombra que desmoraliza a democracia.

14

Parece não haver limites para a ação criminosa dos *hackers*. A mídia dá notícia de que cidades americanas estão pagando resgates a *hackers*. Entre outras, cidades da Flórida pagaram para reaver acesso aos seus computadores.

Pela segunda semana seguida, uma pequena cidade da Flórida aceitou pagar centenas de milhares de dólares a criminosos cibernéticos, depois que um ataque de *ransomwares*, um tipo de software que bloqueia o sistema infectado e pede um resgate para liberá-lo, paralisou os sistemas municipais.

Como exemplo, uma dessas cidades informou que o pagamento do resgate fora feito e que as chaves de decodificação recebidas pela cidade voltaram a funcionar.

Em casos de recusa de pagar o resgate, os *hackers* paralisam o acesso a e-mails e dados. O sistema municipal de pagamentos on-line não funciona e a cidade não pode emitir suas contas de água e outros serviços.

15

O Facebook inventou os seus próprios inimigos. Não se pode negar que a empresa comandada por Mark Zuckerberg tenha contribuído para a difusão de discriminações, crimes sexuais e terrorismo. A ONU já definiu o Facebook como "um instrumento útil para aqueles que procuram espalhar o ódio".

Para reverter a situação, o Facebook depende principalmente de seus próprios recursos. O futuro do gigante das redes sociais, por onde circulam 2 bilhões de pessoas de todas as nacionalidades, será tão mais rigoroso quanto sua capacidade de criar ferramentas para rastrear, controlar e combater os problemas que ele criou.

O Facebook arregimentou 15 mil funcionários para atuar como "revisores de conteúdo", monitorando os usuários que publicam, por exemplo, posts afrontosos contra minorias ou com incitação à violência. Esse trabalho é realizado com o auxílio e a atuação de uma verdadeira tropa virtual, formada por algoritmos de inteligência artificial desenvolvidos para fiscalizar automaticamente a rede. Os revisores de conteúdo recebem as informações automáticas desses algoritmos para decidir, em última análise, o que deve ser vetado. É um trabalho altamente estressante e um dos revisores declarou: "o que vejo aqui como expressões de violência está me fazendo perder a fé na humanidade. Na verdade, já perdi".

16

Um tsunami digital é, como os banqueiros resumem, a transformação em curso no sistema financeiro global. As ondas de inovação geram novos modelos de distribuição e consumo de serviços bancários, possibilitados pela inteligência artificial e robótica.

O banco será móvel, sem precisar abrir mão das agências físicas, que serão menores e mais consultivas.

O que se espera é que a utilização da IA não leve à perda do toque humano. “O cliente fará banking no celular e negócios na agência”, segundo o diretor de tecnologia da Federação dos Bancos do Brasil.

Segundo a Fundação Getúlio Vargas (FGV), os brasileiros já compram quatro celulares inteligentes para cada TV adquirida e habituam-se muito rápido às conveniências da superconectividade.

Surgiu um novo ecossistema de serviços financeiros, as *fintechs*, 100% on-line, que ajudam as empresas a crescer, combinando variedade de soluções de banco com agilidade própria. As *fintechs* são especialmente importantes para as *startups*, empresas iniciantes inovadoras de diversos setores.

Os bancos tradicionais, que temiam as *fintechs*, atualmente, associam-se a elas, interessados nas ideias e na velocidade de implantação de projetos.

17

Cada unidade de aplicação de negócio dos bancos será transformada pela IA. Algoritmos repletos de dados poderão informar aos funcionários de vendas sobre onde devem concentrar seu tempo ou como ajudar a identificar negócios arriscados, prevendo quais clientes não conseguirão cumprir termos contratuais.

Serão introduzidos "serviços cognitivos", tais como entender linguagem e identificar as pessoas que estão falando e realizar reconhecimento facial. Escreverão seus softwares e desenharão seu próprio hardware.

As soluções baseadas em IA serão usadas na compensação de cheques, permitindo que os algoritmos reconheçam 100% dos elementos em 100% dos cheques, alcançando 90% de redução dos custos por depósitos. Acrescento: se ainda existirem cheques.

Será criada a capacidade de entender como o cliente se sente sem ter que questioná-lo diretamente. Será criado aquilo que um dia foi apenas ficção científica: a leitura dos pensamentos dos cidadãos pelo "Big Brother".

18

No mundo do comércio, a utilização crescente da IA, além de incrementar a produtividade da cadeia produtiva, pode ser usada para predizer e modelar negociações internacionais.

As nações podem utilizar as ferramentas da IA para adotar decisões de comércio internacional, permitindo-lhes explorar melhor suas vantagens competitivas nas negociações.

A tecnologia IA pode proporcionar a expansão de instrumentos de pagamentos e financiamentos no comércio exterior e acesso de companhias e consumidores aos ecossistemas de investimento e crédito. Os negociadores de interesses econômicos, e mesmo políticos, podem acessar recursos da chamada nuvem de computadores, e assim ficar mais bem equipados para representar os interesses de suas nações.

Os funcionários terão a capacidade de pesar prós e contras de cenários alternativos, por meio do potencial preditivo da IA. Como não podia deixar de ser, os crimes de falsificação, contrabando e pirataria existentes nesse ambiente comercial serão combatidos pelos dados da IA.

19

A tecnologia chega ao dinheiro. Mark Zuckerberg surpreendeu o mundo, em 18 de junho de 2019, com o lançamento pelo Facebook de uma nova moeda chamada libra, homenagem a uma antiga unidade de peso de Roma. Libra é também uma palavra para designar o *pound* inglês em muitas línguas neolatinas, mas essa nova moeda não se refere ao *pound* inglês, a libra esterlina.

A libra é a primeira moeda mundial, desde o padrão ouro do século XIX.

O dinheiro apareceu no passado como um meio aceitável e conveniente para substituir o *barter*, a troca direta de produtos, como também era uma representação de valor e um meio de guardar valores. Originalmente, as moedas de ouro ou prata tinham um valor intrínseco, e, a partir do século XVII, o dinheiro das notas de papel podia ser trocado por um certo valor de ouro. Os bancos podiam emitir notas baseadas na reserva de ouro que detinham. Era o padrão ouro, o "*gold standard*". Atualmente, a emissão de papel-moeda é privilégio soberano.

O dinheiro agora é, crescentemente, de forma não tangível, aquilo que consiste dos saldos das contas bancárias, utilizados com cheques e cartões de crédito e de débito. Seu movimento é efetuado por meio de transferência de créditos, quando uma conta bancária é debitada e outra creditada eletronicamente.

Desde os anos 1980, há mais dinheiro eletrônico no mundo do que papel-moeda, inclusive as criptomoedas, como o bitcoin, que tem sua circulação em boa parte de caráter especulativo.

A libra poderá dar às pessoas dos países menos desenvolvidos acesso ao sistema financeiro e um meio de proteger seus ganhos da inflação disparada. O Facebook poderá deflagrar com a libra uma onda de inovação nas finanças, semelhante à internet nos serviços on-line. Uma moeda digital global faria a remessa de dinheiro tão facilmente quanto a transmissão de textos entre países, eliminando as elevadas tarifas, a demora e outras barreiras ao fluxo do dinheiro.

A libra pode empoderar bilhões de pessoas, como alega o Facebook. Se cada um dos 2,3 bilhões de seus usuários converter uma parte da sua poupança em libras, a nova moeda pode se tornar a moeda global.

As moedas virtuais serão compradas com dinheiro real, o que aumentará as reservas da libra e evitará a flutuação violenta causada pela especulação.

Os *hackers* certamente irão se aproveitar dessa nova forma do dinheiro. Se cada pessoa no Ocidente possuir um décimo de seus depósitos bancários em libras, a nova moeda acumulará mais de 2 trilhões. As reservas de libra assegurarão a sua liquidez.

Quão preocupados ficarão os bancos? A inteligência artificial certamente criará novas modalidades financeiras.

20

A Internet das Coisas (IoT, sigla em inglês de *Internet of Things*) é o nome esquisito de uma grande ideia. Ela traz benefícios e problemas com computadorização de tudo: de fábricas a escovas de dentes, de aparelho cardíaco e de colmeias de mel. A mágica dos computadores é que eles permitem a uma máquina a capacidade de calcular, de processar a informação e de decidir, ações que até agora eram exclusivas de cérebros biológicos. A IoT prevê um mundo no qual essa mágica torna-se presente em toda parte. Inumeráveis pequenos chips serão partes integrantes de edifícios, cidades, roupas e corpos humanos, tudo conectado à internet.

O resultado será um fluxo contínuo de atividades de conveniência doméstica, como, por exemplo, roupas dotadas de microships que dirão às máquinas de lavar como tratá-las. Sistemas de tráfego reduzirão o tempo de espera dos sinais luminosos e distribuirão melhor o tráfego de carros.

Muito importante será o aumento da produtividade, que é o principal motor do desenvolvimento econômico. Mas o alerta de perigo aumenta, pois como diz a *The Economist*: um mundo conectado será o playground para os *hackers*.

21

Não obstante todos os avanços da Medicina moderna, ainda são mantidos alguns procedimentos antiquados. Agora, esses comportamentos estão em transição com a revolução da IA.

A futura Medicina digital será, para começar, utilizada a fim de evitar os erros de procedimentos repetitivos, tais como a filtragem das imagens, o escrutínio de traços do coração para indicativos de anormalidades ou até mesmo para transcrever as palavras dos médicos nos prontuários dos pacientes. Ela será capaz de converter a massa de dados em tratamentos otimizados e os fluxos dos procedimentos nos hospitais.

A inteligência artificial já está ultrapassando em eficiência as pessoas no que se refere ao diagnóstico e ao tratamento de doenças. Mesmo assim, os médicos vão supervisionar os algoritmos, em vez de substitui-los.

O que é temeroso é que a IA seja utilizada para aprofundar a cultura de "linha de montagem" da Medicina moderna.

Na atualidade, a saúde consome uma parte crescente dos recursos dos países, agravada pelas necessidades de envelhecimento e crescimento populacional.

Com a Medicina digital, o gentil estetoscópio pode se tornar uma relíquia do passado.

22

Nunca houve uma aglomeração da humanidade como o que acontece na rede social Facebook. Algo em torno de 2,3 bilhões de pessoas, representando 30% da população mundial, ligam-se a essa rede a cada mês.

Economistas reconhecem que o uso da rede social gera um valor de trilhões de dólares, equivalentes aos custos convencionais que os usuários realizam. Mas o Facebook é também culpado por toda sorte de horrores sociais, de vício e de *bullying*, da erosão do discurso político baseado em fatos e até mesmo de genocídio. Há pesquisas que indicam que essas acusações têm veracidade. E também imaginam como seria gasto o tempo sem a existência do Facebook. Romances como o do escritor Ian McEwan narram um triângulo amoroso entre um casal e um androide que compõe haicais, filosofa sobre a vida e a morte e detém um senso moral muito apurado. O androide, no nível da superinteligência, faz um vaticínio: "É sobre máquinas como eu e gente como vocês, e nosso futuro juntos... a tristeza que está por vir".

23

O professor da Universidade de Victoria Nicholas Agar dispendeu muito da sua carreira acadêmica pesquisando e escrevendo sobre questões éticas e filosóficas que surgem com as novas tecnologias. Pergunta ele: seu novo smartphone fez de você uma pessoa mais feliz? A sociedade é mais feliz com o resultado do progresso tecnológico? A tecnologia vai banir a pobreza?

Nicholas Agar tem uma visão crítica sobre as recentes alegações sobre as possibilidades abertas pelo progresso exponencial da tecnologia. Ele questiona como as tecnologias podem afetar o bem-estar subjetivo da sociedade como um todo e sugere uma apreciação mais cautelosa e equilibrada, especialmente devido aos riscos para o planeta caso alguma poderosa tecnologia saia do controle.

Richard Wilkinson, citado por Nicholas Agar em seu livro *The sceptical optimist*, escreveu:

> É um notável paradoxo que no pináculo técnico e sucesso material, nos encontremos carregados de ansiedade, inclinados à depressão, preocupados com o que os outros pensam de nós, inseguros sobre amizades, ávidos pelo consumo e com pouca ou nenhuma vida comunitária.

Nesse sentido, Richard Smalley, campeão da nanotecnologia, segundo a revista *The Economist*, comentou que, à medida que ficava mais velho, se convencia de que a ciência poderia fazer pouco ou nada para explicar o mundo da espiritualidade. Quanto mais ele estudava, mais reconhecia que mesmo o mais competente dos cientistas seria capaz somente de compreender o topo do iceberg material. Smalley se perguntava: como podemos saber o que não podemos sequer ver?

Essas considerações de um eminente cientista podem levar à compreensão do paradoxo de Wilkinson. O estado do sucesso material da humanidade não se assenta sobre a fundação espiritual da população planetária em termos evolutivos. Há uma defasagem que, enquanto não for superada, continuará ocasionando esse cortejo da miséria humana.

Os mistérios do universo espiritual e da sua manifestação material serão o desafio do milênio.

24

O que fará a máquina superinteligente quando alcançar e superar os poderes da mente biológica? E como esta vai se defender?

Há cientistas e pensadores que imaginam que a tecnologia da IA levará a um remodelamento da mente humana. É claro que isso dependeria dos seres cibernéticos superinteligentes poderem ter experiências conscientes.

A experiência consciente é o aspecto sensorial da vida mental. Uma inteligência artificial geral seria capaz de conectar ideias de maneira flexível em diversos domínios.

A remodelação dos seres humanos, por outro lado, se daria com o fato de possibilitar novas formas de existência biológica, capazes de controlar as máquinas superinteligentes. Essa é a hipótese para o aumento da capacidade humana, sempre adiante dos eventuais riscos da superinteligência dos computadores.

Mas a verdadeira oposição aos perigos é a colaboração internacional, que teria a finalidade de criar estruturas globais capazes de mobilizar as nações em busca de metas que a superinteligência humana antecipasse. Seria o princípio do bem comum: a superinteligência será desenvolvida somente para o benefício de toda a humanidade e a serviço dos ideais éticos.

Nick Bostrom, em seu importante livro *Superintelligence*, dá o exemplo da defesa da vida ameaçada:

> A quantidade de sofrimento anual no mundo natural vai além de toda contemplação decente. Durante o minuto tomado por mim para escrever esta frase, milhares de animais estão sendo comidos vivos, outros estão correndo para salvar suas vidas, tremendo de medo, outros estão sendo lentamente devorados por dentro por parasitas, milhares de seres de todas as espécies estão morrendo de fome, sede e doenças.

Entre a nossa própria espécie, 150 mil pessoas são destruídas a cada dia, enquanto incontáveis outras sofrem um espantoso conjunto de tormentos e privações. Diz Bostrom que é necessário um conselho de revisão ética, mesmo sem definição de esquerda, direita ou centro, sobre decência moral.

O mal não seria uma invenção eventual da superinteligência. Até agora, se existe alguma ordem e lógica universais, elas parecem inacessíveis.

O primeiro ato da família humana, segundo a Bíblia, foi o homicídio. Caim matou Abel. Escreveu Elie Wiesel: "Dois homens e um deles torna-se matador".

Carl Jung tenta explicar a violência fratricida ao afirmar que diferentes povos habitam diferentes séculos num mesmo momento. Mas essa é uma suposição que admite que a superioridade entre pessoas e nações é pretexto para mais violência e exploração.

Por paradoxal que pareça, é possível que a superinteligência enfrente este dilema: levar ao extremo do mal que pode extinguir a nossa espécie ou estabelecer uma era de paz e concórdia com o conhecimento superior da essência do bem de ordem espiritual.

25

A minha geração viveu momentos de euforia quando acreditou que a vitória sobre as forças do mal totalitárias era um fato que duraria para sempre. Mas algo falhou, pois a força da evolução da humanidade não foi canalizada para a transformação do espírito dos seres humanos.

Edgar Morin é um dos mais destacados pensadores franceses da minha geração. Ele escreveu e divulgou os conceitos criativos da educação, das artes e das ciências. Numa entrevista à imprensa, Morin afirma que "continuamos como sonâmbulos e estamos indo rumo ao desastre". E mais: "As mentiras políticas e as notícias falsas não são novas, são banais. O novo é a internet, a difusão de notícias que podem vir de qualquer lugar".

26

Um antigo mito conta que Procrusto foi um grego estalajadeiro que alegava possuir uma cama cujo comprimento combinava exatamente com qualquer um que deitava nela.

Na realidade, a cama não era mágica, ela não aumentava ou se contraia para o comprimento exato de quem nela se deitava. Em vez disso, Procrusto alterava as dimensões dos seus hóspedes para que coubessem na cama. Ele encurtava as pernas dos hóspedes mais altos e espichava a dos mais baixos. Assim, conseguia a perfeita conjugação entre hóspede e cama. O herói Teseu acabou com a carreira de Procrusto, prendendo-o na sua própria cama.

Esse é um mito relatado por Nicholas Agar no seu livro *The Sceptical Optimist*, que trouxe notabilidade até hoje ao leito de Procrusto.

Cientistas e filósofos fazem uso dessa história como metáfora de suas maquinações para adaptar suas ideias à realidade. São os intermináveis debates sobre o que pode significar a explosão de inteligência que aconteceria com a incontrolável evolução da Inteligência Artificial.

Se algum dia construirmos máquinas com cérebros que ultrapassem os cérebros humanos em inteligência geral, a nova superinteligência pode tornar-se muito poderosa, de tal modo que o destino da nossa espécie torne-se incerto.

Uma das coisas que mais chama a atenção na consciência humana é que temos a capacidade de compreender situações imaginárias que envolvem a mente. É o que desenvolve a cientista do Instituto de Estudos Avançados Susan Schneider, com o astrofísico e prodígio dos exoplanetas Edwin Turner. Eles conseguem imaginar situações, pelo menos em linhas gerais, em que a mente deixaria o corpo, em uma vida após a morte, e a reencarnação – experimentos de pensamento filosófico.

Pode ser que civilizações ao longo do universo tenham se tornado pós-biológicas e melhorado sua inteligência para se transformarem, elas próprias, em seres sintéticos.

Por fim, se desenvolvermos IA sem ter o cuidado de pensar sobre a natureza da consciência, essas tecnologias não fariam aquilo que deveriam fazer: melhorar a vida do *Homo sapiens* com a redução do risco existencial e a trajetória civilizacional que leve a compaixão e júbilo do uso da dotação cósmica da humanidade.

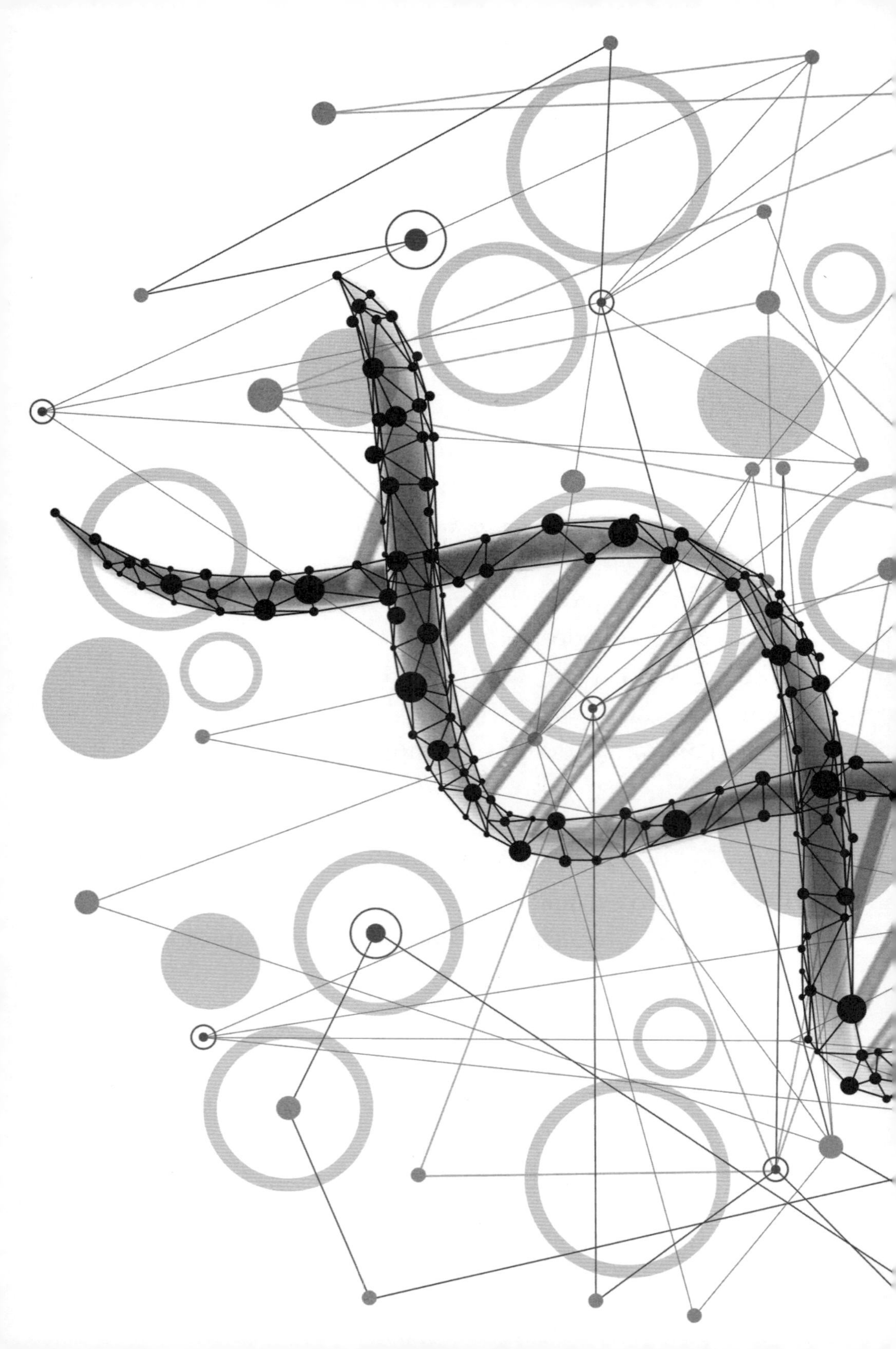

GENÉTICA

1

○●○

"Hoje estamos aprendendo a linguagem com a qual Deus criou a vida. Ficamos ainda mais admirados pela complexidade, pela beleza e pela maravilha da dádiva mais divina e mais sagrada de Deus." Essas palavras foram pronunciadas pelo então presidente dos Estados Unidos Bill Clinton, ao anunciar ao mundo, em 26 de junho de 2000, que o primeiro rascunho do genoma humano havia sido concluído.

O genoma humano é formado pela sequência completa do DNA (o código de hereditariedade da vida) da espécie *Homo sapiens.*

O anúncio da decifração do genoma humano levou a genética a um novo patamar, o que culminou em uma longa busca pelo conhecimento de como a vida se propaga e evolui.

Ao mesmo tempo, levou ao avanço continuado da relativamente nova ciência e, principalmente, possibilitou a sua utilização em diversos campos, como a medicina e a agricultura.

2

A genética é a ciência da hereditariedade. Ela se originou da descoberta de Gregor Mendel, um monge agostiniano que vivia onde hoje é a República Tcheca. Era contemporâneo de Darwin e provavelmente leu a sua *Origem das espécies*. Mendel foi o primeiro a demonstrar que as características da hereditariedade eram determinadas por fatores transmitidos sem mudanças e de forma premeditada, de uma geração a outra.

O termo *genética* foi cunhado pelo biólogo inglês William Bateson, em 1907. A genética possui uma posição única. Seus princípios e mecanismos estendem-se por quase toda a biologia e combina todos os ramos que tratam de variação, tais como a estrutura molecular das células e tecidos, o desenvolvimento de indivíduos e a evolução das populações.

Os mecanismos da genética são aplicados para obter substâncias que anteriormente só eram obtidas diretamente dos vários organismos, tais como vacinas e hormônios.

Além disso, outro benefício da genética é o fato de que erros genéticos responsáveis por doenças podem ser corrigidos.

3

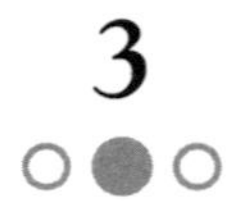

É indispensável conhecer a teoria de Charles Darwin, que determinou que a evolução dos seres vivos se dava por meio da seleção natural. Ele afirmou que todas as espécies vivas descendiam de um conjunto pequeno de ancestrais e que a variação em uma espécie acontecia de modo aleatório.

A sobrevivência ou a extinção de cada organismo dependiam de sua adaptação ao meio ambiente. Darwin chamou a isso de seleção natural. Esse mesmo processo se aplicava à humanidade.

Os primeiros espécimes que reconhecemos como o *Homo sapiens* datam de 195 mil anos atrás, e a teoria da evolução de Darwin explica como chegamos ao homem de hoje. Mas faltava explicar a base física da hereditariedade. Acreditava-se, até a primeira metade do século XX, que as características hereditárias eram transmitidas por proteínas, já que, aparentemente, trava-se das moléculas mais variadas dos seres vivos.

Em 1944, experiências mostraram que o DNA era capaz de transmitir as características hereditárias. Em 1953, James Watson e Francis Crick demonstraram que a molécula do DNA tem a forma de uma hélice dupla, como uma escada de mão retorcida, e que sua capacidade de transportar informações é determinada pela série de componentes químicos que formam os degraus da escada.

O DNA pode ser compreendido como um manual de instruções, um programa de software, colocado no centro da célula. Sua linguagem de código apresenta somente quatro letras, ou dois bits em termos de informática. Uma instrução particular, conhecida como gene, é construída por meio de centenas de milhares de letras de um código.

4

O gene é uma unidade da hereditariedade. É um segmento do DNA que contém as instruções para o desenvolvimento de uma determinada característica herdada. Quando a palavra *gene* foi cunhada em 1909, referia-se a uma entidade hipotética. Foi só recentemente, com o estudo do DNA, que a estrutura, a dimensão e a localização do gene foram estabelecidas.

Um gene do código nuclear do DNA carrega as informações necessárias para a fabricação de uma determinada proteína. Em 2004, um time internacional de 152 cientistas publicou um mapa detalhado de mais de 21 mil genes humanos.

Esses conhecimentos abriram os caminhos da aplicação da genética para os mais importantes efeitos de interesse humano. Ao mesmo tempo, vieram com ele riscos que podem induzir a graves prejuízos, caso estejam no poder dos agentes malignos intencionados de usá-los para impor interesses próprios, contrários ao bem comum.

5

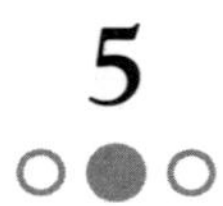

Para entender a biologia, é necessário entender como as proteínas são feitas. Elas são responsáveis por quase todas as funções da vida, da respiração à reprodução, e são produzidas a partir de 20 moléculas menores, ordenadas como uma corrente. As formas dessas cadeias desdobram-se em diferentes funções, todas muito complexas.

Essas moléculas menores são chamadas de aminoácidos. O gene de uma dada proteína depende da ordem dos aminoácidos necessários para a sua formação. A informação é escrita no genoma como a sequência de bases (no sentido químico) A, C, T e G, da mesma forma que os dados do computador são armazenados como uma série de 1 e 0. O programa que torna essa sequência do DNA uma sequência de aminoácidos é o código genético.

A biologia sintética é diferente de tudo que foi feito até hoje, e alguns a chamam de reprogramação da vida. A utilização de massivas quantidades de DNA sintético está produzindo um novo modo de fazer biologia em escala industrial.

6

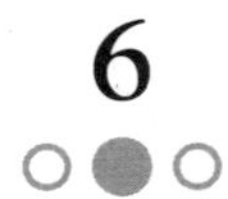

A formação de combinações artificiais de material genético, que não envolvem uso de reprodução sexual, é realizada pela engenharia genética.

Moléculas produzidas quimicamente ou biologicamente fora da célula são inseridas num organismo a ser modificado, usando os meios dessa engenharia genética. Sequências de DNA podem ser produzidas em larga escala. Compostos biológicos são produzidos industrialmente, como, por exemplo, insulina, vacinas, hormônios e muitos outros.

Novas capacidades sintéticas podem ser incorporadas nas plantas, capazes de fixar nitrogênio e produzir efeitos desejáveis de produtividade e defesa contra os ataques de insetos e fungos.

Atualmente, já é possível reparar genes responsáveis por doenças hereditárias ou inserir uma cópia normal de uma sequência de genes.

Doenças podem ser atribuídas a anormalidades dos cromossomos. Os cromossomos permeiam o núcleo de uma célula e tornam-se visíveis durante sua divisão. Eles ocorrem em pares, sendo um membro de origem materna e o outro de origem paterna.

Os cromossomos são os maiores veículos do material genético, ou seja, da informação herdada, sendo que seu número difere em cada espécie. Uma célula humana normal tem 46 cromossomos, ou seja, 22 pares de autossomos e 1 par de cromossomos X nas mulheres e 1 par não combinante de cromossomos X e Y nos homens.

7

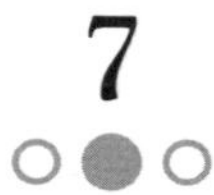

A edição genética começa a se realizar, principalmente, na Medicina e nas plantas. Apesar de recomendações de evitar o seu uso em seres humanos, foram notificadas várias experiências de edição genética.

O cientista chinês He Jiankui afirmou que realizou esse procedimento. A alteração teria tornado duas meninas gêmeas imunes ao vírus da aids.

Mais importante é a informação de que a Universidade da Pensilvânia lançou um teste de edição de genes, baseado numa técnica denominada de CRISPR (Clustered Regularly Interspaced Short Palindromic Repeat), realizada em humanos. Um primeiro paciente já foi tratado por essa poderosa e controvertida técnica.

A CRISPR é conhecida como uma ferramenta de pesquisa, mas esse caso representa o primeiro passo na utilização da técnica em clínica médica, para o tratamento de doenças. A CRISPR permite aos cientistas, essencialmente, "cortar" e retirar um determinado gene e, então, introduzir uma versão do gene com função alterada ou melhorada.

O estudo da Universidade da Pensilvânia envolve remover células do sistema imune do paciente, modificando-as no laboratório para atingir células do câncer e, em seguida, reintroduzir as células modificadas. Dois pacientes, um com duplo mieloma e o outro com sarcoma, receberam infusões de células imunes editadas pela CRISPR. Ambos tinham doenças relapsas e seguiam tratamentos habituais. Eventualmente, os pesquisadores esperam tratar 18 pacientes por meio desse estudo.

O CRISPR e a edição de genes receberam crescente atenção, segundo os informes do referido cientista chinês mencionado, que alegou usar a técnica para editar um gene na linha de embriões humanos, conferindo resistência à infecção do HIV.

Recente painel da Organização Mundial da Saúde da ONU requereu uma moratória de todos os experimentos em humanos de edição de genes, chamando esse tipo de pesquisa de "irresponsável", pois não há um registro central de pesquisas, bem como outras medidas de precaução.

Não obstante, diversas outras experiências humanas da edição de genes por CRISPR, em variadas condições, estão sendo planejadas. Há inclusive dois estudos de edição de genes para corrigir defeitos genéticos que causam anemia falciforme e talassemia. Destaca-se, ainda, a realização de um projeto completo da sequência dos genomas de várias células chamado de Atlas do Genoma do Câncer. A lista inicial desse sequenciamento inclui o câncer do cérebro, dos pulmões, do pâncreas e do ovário.

O resultado desse esforço de equipes de pesquisadores de todo o mundo será um compêndio que incluirá cada gene que sofre mutação dos 50 tipos de câncer mais comuns, o equivalente a mais de 10 mil sequenciamentos de DNA.

O genoma humano contém cerca de 20 mil genes.

A perspectiva científica é de cada vez mais utilizar a engenharia genética para chegar à cura do câncer. O médico e pesquisador Siddhartha Mukherjee, no seu livro O *imperador de todos os males*, descreve o atual momento no tratamento dessa doença maligna.

A questão, então, não seria mais se vamos encontrar essa imortal doença nas nossas vidas, mas quando. Essa visão fatalista do câncer não duvidava da sua inevitabilidade, mas, sim, do tempo necessário para que a terrível moléstia nos atingisse.

Esse dilema agora está sendo eliminado pelos avanços da ciência genética. É a esperança da humanidade.

8

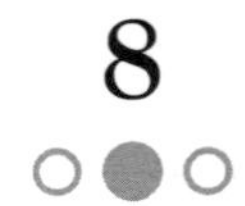

A utilização da engenharia genética para alterar o genoma das plantas está promovendo uma revolução na agricultura.

A "revolução verde" na Índia, na década de 1960, incluiu, além de outras medidas, o início da criação de sementes modificadas geneticamente. Essa revolução na agricultura indiana diminuiu a fome crônica naquele país.

As sementes chamadas de transgênicas resultam da combinação de material genético de espécies distintas. Essa manipulação do genoma pode levar ao aumento da produtividade, da resistência a doenças e pragas, da colheita precoce e ao uso de menos agrotóxicos.

Em geral, a avaliação da transgenia é realizada na planta porque é o próprio organismo que é disponível.

A cultura da soja em grão modificado geneticamente é um exemplo magnífico desse processo. Há menos de 50 anos considerava-se impossível o cultivo da oleaginosa fora do clima temperado. Com a modificação genética da soja, o seu cultivo espalhou-se rapidamente por regiões de clima tropical e mesmo o semiárido do Brasil, como o Centro-Oeste e o Nordeste.

A soja diminui a acidez predominante nesses solos, permitindo a melhor assimilação dos fertilizantes. O grão de soja, juntamente com o milho e o algodão transgênicos, além da cana-de-açúcar, são parte da colocação do Brasil como o segundo maior agronegócio do mundo. O primeiro lugar pertence aos Estados Unidos.

A aceitação desses transgênicos ainda é contestada em vários países, que têm dúvidas sobre se provocariam efeito nocivo no organismo humano. O processo de aprovação é demorado. A China, por exemplo, que é o maior importador de soja para alimentação de suínos e frangos, levou seis anos para aprovar a importação da variedade transgênica da soja. Mas a tendência é irreversível para o seu uso em toda parte.

De acordo com o levantamento do Serviço Internacional para Aquisição de Aplicações de Agrobiotecnologia (ISAAA), 26 países cultivaram as sementes transgênicas em 2018.

No Brasil, informou o ISAAA, os organismos geneticamente modificados (OGMS) ocuparam 93% da área total conjunta de soja, milho e canola em 2018. Na Argentina, chegou a 100% e, nos Estados Unidos, a 93,3%.

A utilização da ciência e da técnica para aumentar a produção de alimentos é essencial para atender o crescimento da população planetária.

9

Outros processos relacionados à engenharia genética estão sendo desenvolvidos. Em instâncias em fase ainda inicial, a clonagem já pode ser encontrada em vegetais de uso industrial. Isso acontece com certas espécies de árvores usadas em grande escala e que devem ter suas qualidades constantes mantidas, ao mesmo tempo que a rapidez de sua propagação. Temos como exemplo o eucalipto, que produz a madeira para a fabricação de celulose.

Observei, por razões profissionais, os viveiros que produzem as mudas para o plantio do eucalipto. No processo de sua produção, são recortadas pequenas parcelas em diversas áreas da árvore de eucalipto, que é escolhida, entre as muitas existentes, por apresentar as características ideais para o seu uso industrial, como, por exemplo, maior conteúdo de fibras, maior resistência a pragas e precocidade no seu crescimento.

Esses retalhos são implantados em pequenos sacos plásticos com terra, fertilizantes e um molho de ingredientes preparados pelos técnicos. Daí surgem as mudas, que já podem ser implantadas no solo e irão se tornar boas árvores, cuja madeira será utilizada no processo de produção da celulose, bem como para outros usos.

Esse processo não depende de mutações genéticas. São os clones.

Paralelamente, em laboratórios, acontece a pesquisa de sementes propriamente transgênicas, com tentativas de utilização de diferentes espécies que apresentem as características desejáveis, que serão, então, reproduzidas pela clonagem.

A clonagem é o processo de reprodução assexual, por exemplo, de bactérias e outros micro-organismos unicelulares, que se dividem por simples fissão, de tal modo que as células filhas são geneticamente idênticas umas às outras e à própria célula mãe.

No processo da clonagem, uma célula do corpo somático é retirada de um embrião em estágio inicial ou de um adulto. O seu núcleo é transferido para um óvulo não fertilizado, do qual o núcleo foi removido e o produto cresce. Células filhas de divisões anteriores são retiradas, crescendo em cultivos ou implantadas em mães hospedeiras, para dar descendência geneticamente idêntica.

A clonagem bem-sucedida de uma ovelha chamada Dolly foi reportada por cientistas britânicos em fevereiro de 1997. Tratava-se de um desenvolvimento surpreendente e inédito, pois todos os cientistas achavam que clonar um mamífero seria impossível.

Provou-se que estavam enganados. Durante a última década, revelou-se a cada descoberta a extraordinária plasticidade dos tipos de células de mamíferos.

10

○●○

Não existem espécimes perfeitas entre nós. A presença universal de mutações é o preço que pagamos pela evolução.

Chegará o tempo em que serão descobertas as pequenas falhas genéticas que fazem cada um de nós vulneráveis ao risco de alguma doença futura.

O material do DNA de um organismo encontra-se em toda célula do corpo. E foi descoberta a existência das células-tronco, que têm potencial de se dividir e se transformar em vários tipos diferentes de célula. Por exemplo, na medula óssea, uma célula-tronco pode gerar glóbulos vermelhos, glóbulos brancos, células ósseas e até células de músculos cardíacos.

O embrião humano, formado pela união de espermatozoide e óvulo, começa com uma única célula. Ela possui uma maleabilidade fenomenal e apresenta o potencial de se transformar em uma célula do fígado, do cérebro, de músculo e em qualquer complexo formado pelas 100 trilhões de células de um homem adulto.

As células-tronco derivadas de embriões humanos apresentam potencial definitivo para formar qualquer tipo de tecido. O processo de obtenção de células-tronco do embrião resulta na destruição deste.

Surgem daí as questões éticas. Um embrião formado pela união entre o óvulo e o espermatozoide é uma vida em potencial e, assim sendo, a sua destruição no processo de obtenção de células-tronco é inaceitável para muitos que acreditam que a vida começa na concepção.

11

A genética está ainda longe de alcançar todos os elementos que constituem a vida, em sua continuidade e hereditariedade, e também no que se refere à saúde humana e ao aperfeiçoamento de uma alimentação capaz de sustentar o crescimento da população mundial, que brevemente alcançará 9 bilhões, sendo boa parte de envelhecidos.

Os recursos destinados às pesquisas genéticas são hoje prioritários para toda a humanidade. Os diferentes posicionamentos éticos no campo da genética são muito profundos e polêmicos, divididos em relação às crenças religiosas e aos fatores materialistas.

Francis S. Collins, diretor do Projeto Genoma, é um raro cientista religioso, que sustenta a sua fé nas evidências científicas. O Deus da Bíblia é o Deus do Genoma, segundo o seu importante livro *A linguagem de Deus*, em que apresenta evidências de que Deus existe.

Ao mesmo tempo, as forças negativas do homem podem utilizar a genética para finalidades catastróficas. Por exemplo, a clonagem permitiria criar seres capazes de dar poder a essas forças negativas, formando até exércitos de clones a serviço de políticas malditas, como se vê em livros de ficção científica. A utilização das células-tronco para fins pervertidos pode, infelizmente, acontecer.

A genética, como já salientamos, será um dos caminhos essenciais do tempo vindouro, mas é necessário que estejamos atentos ao seu uso negativo. Certamente, a genética é uma das maiores oportunidades para a plena realização humana.

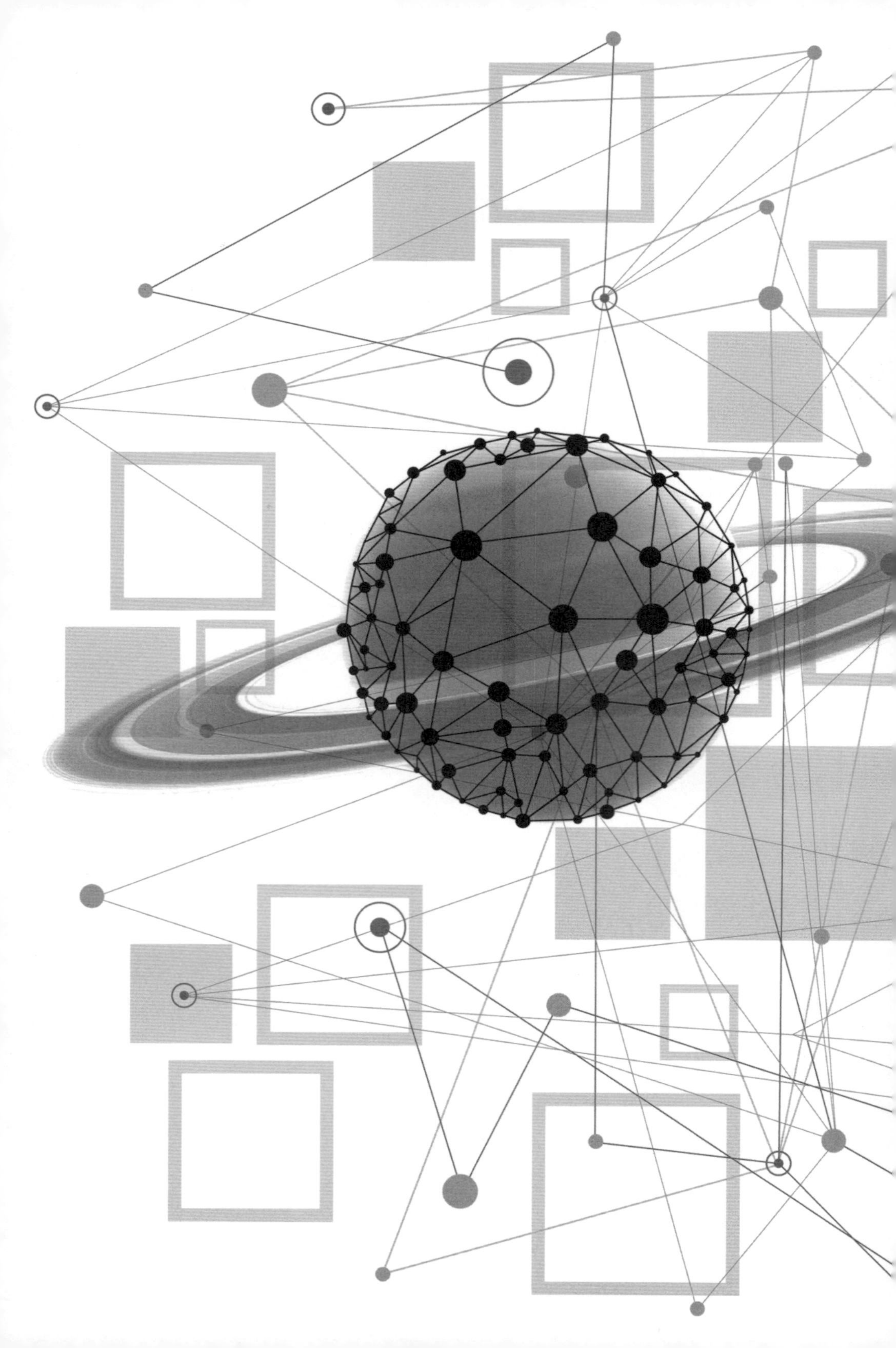

INSERÇÃO CÓSMICA

1

□■□

Na noite de trevas, sem lua, apaguei as luzes elétricas. Olhei mais uma vez para o alto e vi a Via Láctea, como jamais vira. Um espantoso brilho, não obstante uma espécie de poeira, atravessava o espaço.

Ao mesmo tempo em que contemplava o céu, senti-me humilde pela sensação de estar num pequeno globo, num canto do Universo, que é o nosso Lar Cósmico. Lembrei-me dos comentários dos astronautas, vendo a Terra como uma pequena esfera azul, orbitando o nosso Sol, poderoso em sua energia que sustenta a nossa vida.

A Via Láctea se movimenta para o centro do grupo local das galáxias vizinhas, que são, por sua vez, atraídas pela supermassa local, isto é, um grupo de galáxias ainda mais vasto. Esse gigantesco conjunto de galáxias se dirige, por sua vez, para o que se chama o Grande Atrator, um imenso complexo de galáxias massivas situado a uma distância imensa.

Recentes estudos de astrofísicos apresentaram a formulação do mais completo mapa da Via Láctea. Para isso, a fim de mapear a galáxia, os cientistas mediram a distância do Sol em relação a cada uma das cefeidas, que são estrelas com brilho até 30 mil vezes maior do que o Sol.

Assim, foi possível realizar o mapeamento da Via Láctea, confirmando que ela tem a aparência de um disco retorcido.

Nessa imensidão, encontra-se o nosso Sistema Solar.

2

Experiências feitas por aparelhos como o pêndulo de Foucault, suspenso na abóbada do Panteão de Paris, demonstram que indiferente às enormes massas representadas pelas estrelas e galáxias, o plano de oscilação do pêndulo está alinhado com objetos celestes que estão situados a distâncias vertiginosas da Terra. Isso significa que o comportamento do pêndulo é determinado pelo Universo no seu conjunto, e não somente pelos objetos celestes próximos à Terra.

Em seu livro *Dieu et la Science*, Jean Guitton, da Academia Francesa, explica que, se eu levanto uma simples taça sobre a mesa, eu ponho em jogo forças que implicam o universo inteiro. Tudo o que se passa no nosso minúsculo planeta está em relação com a imensidão cósmica.

3

Este milênio, que está nas suas primeiras décadas, será certamente o tempo de abrir a visão do universo, para que o *Homo sapiens* alcance novas dimensões da sua existência.

Assim como séculos atrás foi inevitável que o europeu se sentisse impelido a buscar terras virgens, agora a humanidade sairá em busca de outros locais no espaço. As razões são várias: o natural impulso evolutivo; a necessária descoberta pela ciência de novos fenômenos; a ansiedade filosófica para explicar enigmas essenciais.

Também, e mais imediato, é garantir novos espaços para viver e até sobreviver, ameaçados que estamos por choques de meteoros; contaminação radioativa de atividades nucleares; mudanças cíclicas do clima que parecem já estar começando, agravadas pela ação humana geradora do aquecimento global; a exaustão de certos recursos naturais; e, ainda, a convicção de muitos, embora não comprovada, sobre a presença de seres alienígenas nas nossas paragens.

É, enfim, a chegada de uma virada na longa história de nossa espécie.

4

Há cerca de 14 bilhões de anos, o nosso universo emergiu. Apelidou-se esse evento de Big Bang, a grande explosão. De passagem, relato a resposta de Einstein à pergunta "O que existiu antes do Big

Bang?". O sábio respondeu: não havia nada, porque o tempo não existia.

A explosão criadora foi quase instantânea. Este *quase* faz a diferença, pelos eventos cósmicos que provocou nesses ínfimos momentos.

As forças fundamentais dividiram-se em átomos, astros e galáxias, e o nosso Sol e seus planetas condensaram-se de uma nuvem de detritos nucleares. Um dos planetas formou profundos oceanos de água, onde a vida surgiu. A vida se tornou complexa e, apesar de várias catástrofes, tornou-se cada vez mais diversa.

A evolução dependeu da seleção natural das mutações. Entre as muitas criaturas que evoluíram, uma forma de símio desenvolveu a consciência de perceber o mundo em seu entorno.

Essa é uma pequena síntese da origem e evolução do homem, segundo Darwin e outros sábios que o sucederam. É uma versão materialista, mesmo Darwin sendo religioso. Há outras visões, diferentes do darwinismo.

5

O professor e cientista Michael Behe, no seu livro *A caixa-preta de Darwin*, lançou um extraordinário desafio ao darwinismo clássico ao demonstrar a impossibilidade da evolução acontecer somente por meio de ínfimas e numerosas transformações, que iriam se acumulando até chegar a uma forma superior. Escreve ele:

> A palavra evolução tem sido usada não só para explicar as mudanças minúsculas, mas também as enormes mudanças que ocorrem nos organismos. Nesses casos, recebe nomes separados. Em termos aproximados, a microevolução descreve mudanças que podem ser feitas em um e em alguns pequenos saltos. Mas é no nível da macroevolução – de grandes saltos –, que a teoria provoca ceticismo.

Exemplifica com a função da visão, demonstrando com dados bioquímicos precisos, que o olho humano não poderia ter se formado pela lentíssima evolução, a partir de formas mais primitivas, segundo a teoria darwinista clássica. Ele afirma que as máquinas biológicas têm de ser planejadas, seja por Deus ou por alguma outra inteligência superior, embora Michael Behe, que é professor de Bioquímica na Universidade Lehigh, Pensilvânia, não seja um criacionista (os que creem literalmente na versão bíblica de Adão e Eva) e trabalhe com dados rigorosamente científicos.

Outros cientistas importantes avançaram ainda mais na direção da intervenção divina na criação e evolução da vida. Os eminentes cientistas Konrad Lorenz e Karl Popper afirmam, no livro *L'avenir est ouvert*, que

> se a evolução fosse unicamente o produto do acaso e da necessidade, da mutação e da seleção no sentido mais simples, não seriam precisos quatro bilhões de anos para chegar ao mundo vivo tal qual se apresenta no nosso planeta, mas seriam precisos centenas de bilhões de anos.

Após expor a ideia de um elemento diretor, um fator de aceleração, um elemento estruturante e criativo, esses estudiosos ainda fazem referência ao conhecido "elã vital" de Bergson e também ao que Campbell chamou de "*downward causation*", algo que opera do alto.

6

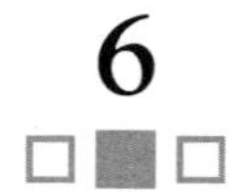

As críticas do darwinismo e de outras teorias tendentes à visão da criação do universo por algo acima de nosso conhecimento não seriam suficientes? Haveria um criador transcendente, que não poderia ser concebido pelas explicações puramente materiais?

Eis o tema que permanece em eterna discussão.

Algum cientista pode afirmar: a ciência não dará jamais a resposta às duas questões fundamentais. O universo tem um sentido? O que havia antes do nascimento do universo? Crer ou não crer, tal é a questão.

O famoso cientista Stephen Jay Gould propôs uma forma de coexistência entre a ciência e as crenças religiosas no seu livro *Rocks of Ages*:

> A ciência define o mundo material e a religião, o mundo moral, mas em esferas de influência separadas e sem interferência mútua... A ciência procura documentar o caráter fatual do mundo natural e desenvolver teorias que coordenam e expliquem esses fatos. A religião, por outro lado, opera no reino igualmente importante, mas profundamente diferente dos propósitos humanos,

> dos significados e valores, assuntos que o domínio fatual da ciência pode iluminar, mas não pode nunca resolver.

Os meus estudos, reflexões e experiências levam-me a concluir que, sim, é a separação que leva à existência das intermináveis ações destrutivas da ciência, colocada além ou fora do embasamento de natureza moral. A separação leva à verdadeira divergência catastrófica: a ação do bem contra as garras afiadas do mal.

Dizer que o mal é ausência do bem é um oximoro, isto é, palavras que parecem diferentes, mas são a mesma coisa.

O mal realmente existe, expressando-se na luta pelo poder, pelo domínio e pelas posses materiais, utilizando os conhecimentos científicos para atingir os seus fins. Mas nem sempre a fé religiosa está do lado moral, como a história da humanidade revela.

A evolução do *Homo sapiens*, que não pode se dar apenas pelo material científico, não é inevitável. Ela depende do que fazemos do livre-arbítrio de que a Criação nos dotou.

Blaise Pascal era um gênio. Nasceu em 1623 e, aos 12 anos de idade, ele redescobriu, ao seu modo, as Matemáticas; aos 16, inventou a Geometria Descritiva; aos 19, fez funcionar a primeira máquina de calcular; aos 23, inventou a Física Experimental, calculou o peso do ar e concebeu a prensa hidráulica; aos 28, inventou o Cálculo das Probabilidades; e aos 35 anos, o Cálculo Integral.

Pascal, preocupado com Deus e o homem, envolvido nas disputas religiosas do século XVII, criou uma demonstração quase matemática e probabilística sobre a fé na existência de Deus, que ficou conhecida como a "aposta de Pascal". Escreveu, no seu livro *Pensamentos*, que se há um Deus, ele é infinitamente incompreensível, pois não tendo partes e limites, ele não tem nenhuma ligação conosco: Deus é ou não é.

Joga-se um jogo "no extremo dessa distância infinita", chegando-se a apostar cara ou coroa. É preciso apostar... Diz ele:

> Tendes duas coisas a perder, a verdade e o bem, e duas coisas a empenhar, vossa razão e vontade, vosso conhecimento e beatitude; e vossa natureza tem duas coisas de que fugir: o erro e a miséria. Pesemos o ganho e a perda, apostando que Deus é. Estimemos esses dois casos: se ganhais, ganhais tudo; se perdeis, não perdeis nada...

> Apostai, pois, que ele é, sem hesitar. Pois se há semelhante sorte de ganho ou de perda, se não tendes a ganhar senão duas vidas por uma, podeis ainda apostar.

Escreveu ainda Pascal:

> Trabalhai, pois, não para aumentar as provas de Deus, mas para diminuir as vossas paixões... Que mal nos atingirá tomando este partido? Sereis fiéis, honestos, humildes, reconhecidos, benfazejos, amigos sinceros e verdadeiros. Na verdade, não estareis nos prazeres pestilentos, na glória, nas delícias: mas não tereis outros? Digo-vos o que ganhareis aqui nesta vida, e, a cada passo que fizerdes neste caminho, vereis tanta certeza de ganhar e tanta de nada do que haveis apostado por uma coisa certa, infinita, para a qual não haveis dado nada.

Pascal expressou essas ideias há quase quatro séculos. Imensos progressos nos conhecimentos científicos ocorreram nesse lapso de tempo, mas as dúvidas sobre as questões fundamentais continuam a nos desafiar.

7

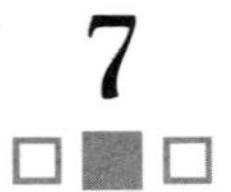

Qual é a natureza do mundo material? Como ele funciona? O que é o universo e como ele se formou? O que é a vida? De onde viemos e como evoluímos? Como e por que nós pensamos? O que significa ser humano? Como nós sabemos?

Essas questões são coletivamente as "grandes questões" da existência humana, segundo Jim Baggott, no seu livro *Origins*.

Há várias outras versões dessas perguntas e de algumas das suas respostas. Todas são objeto de discussões, que passam pela ciência material e tocam, inevitavelmente, nas visões filosóficas.

O conhecimento baseado em evidências e transformado em teorias e hipóteses avançou até certo ponto. De Isaac Newton – o sábio que criou a lei da gravidade ao ver cair uma maçã da árvore, em 1665 – até o início do século XX, quando Albert Einstein anunciou a teoria geral da relatividade, a ciência realizou inúmeras inovações. Albert Einstein mudou o modo como os humanos veem o universo.

A nova concepção do espaço e do tempo e a espetacular capacidade de observação da astronomia revelaram novos enigmas, como os buracos negros, a energia escura e as ondas gravitacionais.

8

A revolução científica passa por três eras da Física. A primeira é de Galileu, de Kepler e de Newton, quando o catálogo dos movimentos foi descrito sem que se explicasse o que é o movimento. A segunda é a Física Quântica, que estabeleceu o catálogo das leis de mudança, sem explicar esta lei. A terceira, que ainda está por vir, é a decifração da própria lei física.

Tudo se passa como se o espírito, nas suas tentativas de penetrar os segredos do real, descobrisse que esses segredos têm qualquer coisa de comum com ele mesmo.

Não esqueçamos o princípio da teoria quântica: o próprio ato de observação ou, dito de outro modo, a consciência do observador intervém na existência do objeto observado: o observador e a coisa observada formam um só e mesmo sistema.

9

A ciência, com toda sua seriedade, também tem suas versões, que chamaríamos de bisbilhotices.

O físico austríaco Erwin Schrödinger, alguns dias antes do Natal de 1925, deixou Zurique para curtas férias nos Alpes suíços. Seu casamento não ia bem, e ele resolveu convidar uma antiga namorada de Viena para ir com ele, deixando sua mulher Anny em casa. Ele também levou suas notas sobre as teses do físico De Broglie.

Suas anotações eram observações sobre os padrões de onda de um elétron em órbita em torno do núcleo de um átomo de hidrogênio. Não sabemos quem era a namorada ou que influência ela teve, mas quando ele voltou em 8 de janeiro de 1926, Schrödinger tinha descoberto uma versão do que conhecemos como Mecânica do Quantum (ou Quântica).

10

A hipótese dos universos paralelos foi proposta a fim de resolver certos paradoxos, resultantes da

Física Quântica, que descreve a realidade em termos de probabilidade, ou seja, certos eventos não podem ser preditos com exatidão, mas são descritos como prováveis. E para provar essas ideias probabilísticas, Erwin Schrödinger propôs uma pequena história.

Imaginemos que um gato seja fechado numa caixa que contém um frasco de cianeto. Em cima do frasco, há um martelo cuja queda é provocada pela desintegração de um material radioativo. Desde que o primeiro átomo se desintegra, o martelo cai, quebra o frasco e libera o veneno: o gato está morto. Até aqui, a experiência não tem nada de espantoso.

Mas tudo se complica quando, sem abrir a caixa, tentamos predizer o que se passou no interior dela. Segundo as leis da Física Quântica, não há qualquer meio de saber em que momento teve lugar a desintegração radioativa que dispararia o dispositivo mortal.

Pode-se dizer, em termos de probabilidades, que há 50% de chances para que uma desintegração se produza no fim de uma hora. Em consequência, se nós não olharmos o interior da caixa, nossa capacidade de predição será pequena, pois teremos uma chance em duas de nos enganarmos, de errar afirmando que o gato está vivo. De fato, no interior da caixa reina uma estranha mistura de realidades quânticas, composta de 50% do gato vivo e de 50% do gato morto, situação que Schrödinger julgava inadmissível.

Para remediar esse paradoxo, o físico americano Hugh Everett apelou para a teoria dos "universos paralelos", segundo a qual, no momento da desintegração, o universo se dividia em dois, para dar nascimento a duas realidades distintas: no primeiro universo, o gato estava vivo; no segundo, ele estava morto. Tão reais um como o outro, esses dois universos se desdobrariam para jamais se reencontrarem. E assim é possível postular a existência de uma infinidade de universos que nos serão interditos para sempre.

11

Em síntese, a Mecânica Quântica é um sistema aplicável a distâncias atômicas de escalas de comprimento na casa dos bilionésimos (com o prefixo nano) e promover a descrição de átomos, moléculas e todos os fenômenos que dependem de propriedades da matéria no nível atômico.

A Mecânica Clássica descreve a matéria no nível macro, enquanto a Mecânica Quântica só trata da matéria no nível micro, o mundo das partículas subatômicas.

Apesar dos diversos estudos e trabalhos científicos, ainda não foi possível estabelecer um sistema único aplicável aos dois níveis de dimensão da matéria, o que seria possivelmente a Teoria de Tudo.

Por exemplo, a definição das trajetórias dos satélites enviados para diversos planetas do nosso sistema ainda são basicamente as leis clássicas de Isaac Newton, enquanto o conhecimento da Mecânica Quântica serve para entender os fenômenos da luz ou aplicações tecnológicas em supercondutores, lasers e eletrônica.

No início do século XX, Max Planck teve a ideia de que a luz é composta de fótons, pacotes minúsculos de energia. Evidências posteriores mostram que a luz existe em pacotes (quanta) que derivam de efeito fotoelétrico. A luz, que se pensava ter a forma de ondas, comporta-se como partícula.

Em 1923, Louis de Broglie sugeriu que as partículas da matéria, por sua vez, funcionavam como ondas.

Werner Heisenberg descreveu também formas de mecânica quântica ao observar que não era possível alcançar a exatidão ao se medir simultaneamente a posição e a velocidade da partícula. Para ver onde a partícula está, temos de jogar luz sobre ela. Segundo Planck, não podemos usar uma quantidade de luz arbitrariamente pequena. É preciso usar no mínimo um quantum. Isso vai perturbar a partícula e mudar sua velocidade de uma maneira que não pode ser prevista.

Esse conhecimento está resumido no princípio da incerteza, formulado por Heisenberg.

12

Já observamos anteriormente que, segundo a afirmação essencial da teoria quântica, o observador e a coisa observada formam um único e mesmo sistema.

Essa interpretação do real vai abolir toda distinção fundamental entre matéria, consciência e espírito: só existe uma interação entre esses três elementos de uma mesma totalidade.

Para encontrar o que chamamos de "espírito" no coração da matéria, vamos penetrar no âmago da estranheza quântica, abordando uma experiência perturbadora que, depois de muitos anos, continua sendo um mistério.

Trata-se da experiência da "dupla fenda". O dispositivo consiste em uma superfície plana dotada de duas fendas, uma fonte luminosa na sua frente e uma tela colocada atrás. O que se passa quando os "grãos de luz" que são os fótons atravessam as duas fendas e encontram a tela colocada atrás? Observa-se na tela uma série de traços verticais, alternativamente escuros e claros, que evocam o fenômeno das interferências.

Como a luz é feita de pequenos grãos, os fótons, ao abrirmos ou fecharmos as fendas, "escolhem" por onde passar, de forma aparentemente inteligente, na escolha dessas aberturas. Dão, assim, a impressão de serem dotados de consciência.

13

Um postulado da Física Quântica desperta atualmente grande interesse em relação à distância entre as partículas A e B. A Física Quântica afirma que essas partículas, aparentemente separadas no espaço, constituem um só e mesmo sistema físico.

Em 1982, o físico francês Alain Aspect afirmou que essas duas partículas apresentam uma inexplicável correlação entre os dois fótons, isto é, grãos de luz, afastando-se um do outro em direções opostas. Cada vez que se modifica a polaridade de um dos fótons, o outro parece "saber" imediatamente o que aconteceu ao seu companheiro e sofre instantaneamente a mesma alteração da polaridade. Que explicação pode se dar para tal fenômeno? Niels Bohr chamou-o de a "indivisibilidade do quantum de ação" ou ainda a inseparabilidade da experiência quântica.

Podemos aceitar essa interpretação: a ideia de que dois grãos de luz, mesmo separados por milhares de quilômetros, fazem parte de uma mesma totalidade, existindo entre eles uma espécie de interação misteriosa que os mantém em contato permanente.

Pode-se ir mais longe, tentando compreender os físicos que afirmam que o todo e a parte são uma só e mesma coisa.

O físico americano Richard Feynman, ao referir-se à "experiência da dupla fenda", disse que ela é "um fenômeno impossível de explicar de maneira clássica e que abrange o coração da mecânica quântica. Na realidade, ela representa o mistério".

Se quisermos tentar resolver esse mistério, pelo menos com uma ideia mesmo vaga, teríamos de abandonar nossas últimas referências ao mundo cotidiano.

Niels Bohr tinha um modo de descrever essa estranheza. Quando alguém vinha lhe expor uma ideia nova suscetível de resolver um dos enigmas da teoria quântica, ele se divertia dizendo: "sua teoria é louca, mas não é o bastante para ser verdadeira".

14

Até que limite podemos chegar?

Provavelmente, o universo guarda um segredo de "elegância abstrata", um segredo no qual a materialidade é pouca coisa. Sob a face visível do real, há um elemento inteligente, racional, que regula, que dirige, que anima o cosmo e que faz com que este cosmo não seja o caos, mas a ordem. O elemento estruturante é constituído dos campos físicos fundamentais, com a noção, bastante vaga, da partícula elementar.

À medida que as pesquisas avançam, encontram-se, sem cessar, partículas novas, sempre mais fundamentais, um imenso oceano de partículas nucleares. No último nível, as partículas identificadas como fundamentais serão, ao mesmo tempo, elementares e compostas, o que permite formular a teoria dos quarks.

A partícula mais elementar, mais fundamental, que resulta da decomposição de outras partículas, é a chamada de quark. Com ela, tem início o domínio quark da pura abstração, o ramo dos seres apenas matemáticos.

Até aqui, jamais foi possível constatar a dimensão física dos quarks. O modelo dos quarks repousa numa espécie de ficção matemática. Os físicos aceitam a ideia de que os quarks não serão jamais encontráveis. Eles serão irreversivelmente confinados do "outro lado" da realidade observável. Assim, se reconhece implicitamente que nosso conhecimento da realidade é baseado numa dimensão não material, um conjunto de entidades sem modos e sem forma transcendendo o espaço-tempo, cuja substância não passa de nuvem de cifras.

15

O universo está em expansão.

Em 1929, um astrônomo americano apresentou uma forte evidência de que o universo estava se tornando maior. Edwin Hubble mediu a cor da luz de galáxias distantes, como um meio de estudar seu movimento. A luz de objetos que se aproximam da Terra parece azul e a dos que se afastam parecem mais vermelhas.

Como uma espécie de efeito Doppler, Hubble achou que as galáxias, quanto mais distantes, mais tendiam para o vermelho e que as galáxias que se moviam mais rapidamente, mais distantes se situavam. Era a evidência do universo em expansão.

As galáxias estão se distanciando de nós numa velocidade diretamente proporcional às suas distâncias. Só havia uma explicação: o universo está se expandindo. As galáxias estão se afastando uma das outras.

Isso explicaria a origem do universo. Se as galáxias estão se afastando, deveriam estar mais próximas no passado, calculando-se que estavam juntas há cerca de 10 a 15 bilhões de anos, o que indicaria que essa seria a idade do universo, ou seja, que ele tivera um início.

Seria a prova do Big Bang.

Na década de 1930, os físicos nucleares mostraram que as estrelas eram movidas por reações nucleares e que, quando essas reações esgotavam seu combustível, as estrelas entravam em colapso, tornando-se o que chamaram de "anões brancos". Robert Oppenheimer, utilizando a física relativística, sugeriu que esses colapsos criavam regiões em que nem a luz nem qualquer outra coisa podiam escapar: os buracos negros.

A publicação da tese de Oppenheimer aconteceu no dia da invasão da Polônia pela Alemanha. Justamente um mês antes, Einstein escrevera a Franklin Roosevelt, presidente dos Estados Unidos, chamando sua atenção para as implicações militares da fórmula $E=mc^2$, que afirma como a energia é proporcional ao quadrado da velocidade da luz vezes sua massa.

Posteriormente, essa foi a base da criação da bomba atômica.

16

Podemos resumir que o buraco negro é uma região do espaço-tempo do qual matéria e energia não podem escapar. Na sua origem, uma estrela ou núcleo galáctico que colapsou em si próprio, ao ponto em que a sua velocidade de escape excede a velocidade da luz.

O buraco negro tem uma fronteira chamada horizonte de eventos. É onde há força da gravidade suficiente para puxar a luz de volta e impedir que ela escape.

Há um buraco negro com massa de 4 milhões de vezes a do Sol, no centro da nossa galáxia, a Via Láctea.

Possivelmente, existem os miniburacos negros, que têm a massa de uma montanha. Um buraco negro com essa massa expeliria partículas ou antipartículas (no caso de um par de partículas virtuais), com uma taxa de 10 milhões de megawatts, ou seja, energia suficiente para suprir a eletricidade mundial.

Os pesquisadores até agora não encontraram nenhum miniburaco negro. Talvez seja possível observá-lo no LHC, o Grande Colisor de Hádrons, na

Suíça, que consiste de um túnel circular de 27 quilômetros de comprimento.

Dois raios de partículas deslocam-se em direção opostas e são levados a colidir. Algumas colisões deverão criar miniburacos negros. Eles irradiariam partículas que seriam observáveis.

Um buraco negro é uma região do espaço-tempo onde a gravidade é forte e o espaço-tempo é violentamente distorcido.

Uma predição da relatividade geral, de que mudanças em massas muito grandes, como o colapso de uma estrela com um buraco negro, produzem ondulações no espaço-tempo via radiação de ondas gravitacionais.

Detectores de ondas gravitacionais situados na Terra ainda não encontraram evidências diretas de tais ondas, apesar de ter sido observado o encurtamento de órbitas de sistemas, que perderam energia devido às ondas gravitacionais.

17

O universo é permeado de matéria escura.

A melhor explicação sobre a teoria de que o universo é curvo é baseada no modelo que afirma que ele começou há 13,8 bilhões de anos, e que a energia escura conta com cerca de 68,3% do total da massa/energia. A matéria escura, por sua vez, adiciona mais 26,8%. Note que separamos a participação da energia e da matéria, totalizando 95,1%.

A matéria ordinária visível, que até há pouco tempo era considerada o "universo", representa apenas 4,9%. A matéria visível é carregada ao longo do corpo da matéria escura. Onde estará e o que seria essa imensa escuridão?

Quatro bilhões de anos depois do Big Bang, o universo se tornou transparente e raios de luz conseguiam viajar pelo espaço como uma radiação. Mesmo hoje, essa radiação antiga está ao nosso redor e muitos dos segredos do universo estão escondidos nela. É a radiação cósmica de fundo.

18

James Peebles, pesquisador laureado pelo prêmio Nobel de Física de 2019, descobriu como se deram os processos que levariam à formação das galáxias. Seu trabalho permitiu chegar à conclusão de que apenas 5% da matéria que forma estrelas, planetas e tudo o mais, inclusive nós, humanos, é conhecida. O restante, 95%, é matéria escura e energia escura desconhecidas.

O comitê do Nobel afirma: "Este é um mistério e um desafio para a física moderna". Peebles, em entrevista divulgada pelo comitê do prêmio, disse:

> Espero que sejamos surpreendidos sobre a matéria escura. Não sabemos para onde olhar e procurá-la. Todos esses lindos experimentos que caçam matéria escura precisam escolher uma direção. É preciso uma mente forte para conseguir, porque podem estar olhando para o lugar errado.

Questionado sobre se não acha o mistério agressivo, disse: "Não. Maravilhoso? Sim. Fascinante? Ávido por saber mais? Com certeza".

19

Esse universo incalculável está apenas começando a ser compreendido pela humanidade terrena.

O filosofo francês René Descartes é considerado o pai da filosofia moderna. Em seu *Discurso sobre o método*, publicado pela primeira vez em 1637, ele se dispôs a construir uma nova tradição filosófica, na qual não haveria dúvida sobre a absoluta verdade de suas conclusões.

Da verdade absoluta, ele argumentava, nós obtemos certo conhecimento. No entanto, para chegar à absoluta verdade, ele considerava não ter outra escolha senão rejeitar como absolutamente falso tudo aquilo que tivesse o menor motivo para dúvida. Isso significava rejeitar toda informação sobre o mundo que ele recebia através dos seus sentidos.

O mundo físico externo é vago e incerto e pode não aparecer como ele realmente é. Mas a mente consciente parece ser muito diferente. Descartes ponderou que isso significava que a mente consciente é separada e distinta do mundo físico e tudo que está nele, inclusive a maquinaria não pensante do seu corpo e seu cérebro. Consciência deve ser algo "outro", não físico.

Descartes teve que enfrentar o difícil desafio de determinar como algo sem manifestação física poderia, no entanto, manifestar-se no mundo físico, influenciando e dirigindo a maquinaria. Por exemplo, entender como um pensamento podia ser traduzido em movimento.

Sua solução foi identificar a glândula pineal, um pequeno órgão que fica no centro profundo do cérebro, como a "sede" do consciente, através da qual a mente não consciente sutilmente demanda o corpo físico a agir.

Descartes argumentou que a mente e o corpo são substâncias distintas e separadas, capazes de ter existências independentes. O dualismo mente e corpo, às vezes chamado de dualismo cartesiano, é inteiramente consistente com a crença na alma ou espírito. Dizia Descartes: minha mente define quem eu sou, enquanto meu corpo é alguma coisa que eu uso (talvez temporariamente). Há poucos cientistas, hoje, que abraçam essa espécie de dualismo, embora seja possível encontrar alguns em lugares inesperados.

Segundo Jim Baggott, se rejeitarmos o dualismo e não tivermos uma solução para o "duro problema", onde isso nos leva? Continuamos a reconhecer nossa ignorância e a fazer algumas presunções razoáveis.

Assumimos, dizem os cientistas, que a consciência surge como resultado direto dos processos neurais químicos e físicos que acontecem no cérebro. Nossa experiência corresponde à criação de específicos conjuntos químicos e físicos, de neurônios localizados em várias partes do cérebro. Em termos filosóficos, isso é conhecido como "materialismo".

20

Do ponto de vista filosófico, o materialismo define que tudo é composto exclusivamente de constituintes físicos, localizados no espaço e tempo. Os materialistas, assim, negam a existência independente das mentes, estados mentais, espírito ou entidades abstratas.

Formas de materialismo remontam a Demócrito e Epicuro na antiguidade e chegam modernamente ao materialismo dialético, de Karl Marx.

O século XVIII marcou o momento histórico do surgimento do Iluminismo. Desde o século anterior, quando começa a revolução científica, com as figuras de Kant, Locke e Newton, espraia-se a ideia da superioridade da razão como um guia para todo conhecimento e preocupações humanas. Era a crescente resistência à retrógada dominância do

Cristianismo tradicional, especialmente da Igreja Católica Romana, com a Inquisição e a devastação das guerras e do fanatismo.

Voltaire, escritor e historiador francês, é a encarnação do Iluminismo. Entre suas inúmeras obras, políticas, dramas, poéticas, filosóficas, históricas e até científicas, a mais famosa é *Cândido*, que trata do melhor dos mundos possíveis.

O terremoto de Lisboa em 1º de novembro de 1755, que praticamente destruiu a cidade, causando milhares de mortes, provocou em Voltaire um sismo moral. Ele se tornou amargo e cético, escrevendo como as leis do movimento operam desastres tão terríveis no "melhor dos mundos possíveis". Ele não se reconhece num Éden onde tudo vai bem, mas num mundo cruel. "O mal está sobre a terra e é zombar de mim dizer que mil infortúnios compõem a felicidade".

A metáfora proverbial não mais se ocupa do bem e do mal, é deixar o mundo ir como ele vai. "Devemos cultivar o nosso jardim", diz Cândido. É o auge literário do materialismo.

Ao mesmo tempo, a fé cega luta para prevalecer.

21

A concepção materialista não mais se sustenta. Já a geração dos iluministas não aceitava visões, como o do bispo Usher, que calculara, baseado no Gênesis bíblico, que o mundo começara no dia 22 de outubro de 4004 a.C., às seis horas da tarde.

Os avanços científicos e filosóficos criam, no mínimo, sérias dúvidas não somente em relação às interpretações religiosas, mas também em relação às certezas materialistas que não aceitam nada mais do que é palpável e visível. Um exemplo é a limitação da Neurociência. É uma postura arrogante das corporações científicas determinar apenas teorias materialistas, quando estamos diante de mistérios como o de não encontrar, até agora, a natureza da energia e da matéria escura. Além dos buracos negros, do universo que se dobra, das ondas gravitacionais e, acima de tudo, da extensão e do significado da Física Quântica.

Stephen Hawking, em seu livro *Breves respostas para grandes questões*, escreve:

A questão de dobras espaciais e temporais está na infância. Seguindo uma forma unificada da teoria das cordas, conhecida por teoria M – que é nossa melhor esperança de unificar a relatividade geral e a teoria quântica –, o espaço-tempo deveria ter onze dimensões, não apenas as quatro que percebemos. A ideia é que sete dessas onze dimensões estão recurvadas em um espaço tão pequeno que não podemos notá-las. Por outro lado, as quatro dimensões restantes são razoavelmente planas, e são o que chamamos de espaço-tempo... mas a ideia abre possibilidades empolgantes.

22

Alguns cientistas procuram espiar o "outro lado" da aparição do universo.

Trata-se do famoso "Muro de Planck", assim chamado porque o célebre físico alemão foi o primeiro a assinalar que a ciência seria incapaz de explicar o comportamento dos átomos nas condições em que a força da gravidade se torna extrema.

No minúsculo universo do começo, não existindo ainda estrelas e galáxias, a gravidade já estava lá, interferindo com as partículas elementares que dependem das forças eletromagnéticas e nucleares. Assim, a gravidade pura se constitui na barreira intransponível que impede de saber o que se passou antes do início da formação do universo.

As teorias mais recentes dos começos do universo apelam para noções metafísicas. O físico John Wheeler, considerado um dos cientistas que desenvolveram o estudo sobre os "buracos negros", afirma que "Tudo o que nós conhecemos encontra a sua origem num oceano infinito de energia que tem a aparência do nada".

O oceano de energia ilimitada é o Criador. Se nós não podemos compreender o que está atrás do Muro de Planck, é porque todas as leis da Física não se sustentam diante do mistério absoluto de Deus e da Criação.

E, então, por que o universo foi criado? O que impulsionou o Criador a engendrar o universo tal qual nós o conhecemos? Antes do Tempo de Planck, nada existia. Como diz Jean Guitton, é o reino da Totalidade intemporal, da integridade perfeita, da simetria absoluta: só o Princípio Original está lá, no nada, força infinita ilimitada, sem começo nem fim.

Como, então, tudo começou? Talvez a ciência não o dirá jamais diretamente, mas, no seu silêncio, ela pode servir de guia para as nossas intuições.

O físico David Bohm pensa que a matéria e a consciência, o tempo, o espaço e o universo não representam mais que um "ruído" ínfimo em relação à imensa atividade do plano que provém de uma fonte eternamente criadora, situada além do espaço e do tempo.

23

É preciso abordar um novo domínio da Física. Os físicos pensam que as partículas elementares, longe de serem objetos, são, na realidade, o resultado sempre provisório de interações incessantes entre os "campos" imateriais.

Há poucas dezenas de anos surgiu o conceito de "campo". Essa nova teoria parece desembocar numa aproximação verdadeira do real: o estofo das coisas, o último substrato, não material, mas abstrato: uma pura ideia cujo perfil é indiretamente discernível por um ato matemático. Nesse sentido, a ciência que nos faz penetrar o interior dos segredos do Cosmos não é tanto da Física quanto da matemática. Provavelmente, o universo guarda um segredo de "elegância abstrata", um segredo no qual a materialidade é pouca coisa, segundo afirma Louis de Broglie.

Só é possível descrever um "campo" em termos das transformações das estruturas do espaço-tempo em uma dada região. A teoria se aproxima da concepção espiritualista da matéria. Isso quer dizer que o fundo da matéria não é encontrável sob a forma de uma "coisa".

Uma realidade estranha, profunda, existe sob um véu, uma realidade que não será feita de matéria, mas de espírito, de um vasto pensamento.

As novas concepções da vida e do universo já se difundiam nas antigas religiões e filosofias. Mesmo o judaísmo, tão arraigado nos milênios da revelação mosaica, tem nova visão, como escreve o rabino Steinsaltz, no seu livro *A rosa das treze pétalas*:

> O mundo físico onde vivemos, o universo que nos rodeia, observados objetivamente, são apenas uma parte de um sistema de mundos de uma vastidão inimaginável. A maioria desses mundos são espirituais, em sua essência, são de uma ordem diferente do nosso mundo conhecido. O

que não significa necessariamente que existam em outro lugar, mas que existem em diferentes dimensões do ser. Mais ainda, os diversos mundos interpenetram-se e interagem de modo tal, que podem ser contrapartidas entre si, cada um refletindo ou projetando-se no de baixo ou no de cima, com todas as modificações, mudanças e inclusive distorções, que são resultado dessa interação. A soma dessa troca infinitamente complexa de influências avançando e retrocedendo entre as diferentes esferas de ação é que abrange o mundo específico da realidade que experimentamos na nossa vida diária.

24

Consideremos, ainda, o princípio antrópico.

O universo parece ser construído e regulado com uma precisão inimaginável, a partir de algumas grandes constantes. Trata-se de normas invariáveis, calculáveis, sem que se possa determinar porque a natureza escolheu determinado valor mais que outro.

Pode-se assumir a ideia de que em todos os casos em que apresentam números diferentes do "milagre matemático", sobre o qual repousa nossa realidade, o universo teria apresentado as características do caos absoluto: uma dança desordenada de átomos, que se juntariam e separariam nos seus turbilhões.

É como o Cosmo apresenta a imagem de uma ordem, e esta ordem nos conduz para a existência de uma causa e um fim que lhes são exteriores. Aí estamos muito perto desse Ser que a religião chama de Deus.

25

A nossa humanidade planetária ainda estaria nos primeiros degraus da sua evolução. Como vimos, o desenvolvimento humano não é uma fatalidade, pois depende de livre-arbítrio, das escolhas que fazemos, com relativa liberdade, entre as opções que se apresentam, entre o crescimento espiritual e as atitudes destrutivas do caminho do atraso.

Esse livre-arbítrio, na realidade, é um instrumento da Criação, que não ordena o progresso, que seria confundir o Criador com a criatura. Evoluímos na medida em que nos separamos da agressividade, do egoísmo, do orgulho e da injustiça.

Essa opção pelo bem ainda não é a da maioria dos humanos.

Um exemplo da insensatez ante os vários riscos catastróficos que ameaça o planeta é o da degradação ambiental. Essa questão, embora já seja objeto de tratados entre as nações, na verdade, ainda é um jogo com diversos interesses. O aumento gradual do aquecimento do planeta tem várias causas, mas certamente a queima de combustíveis fósseis e a destruição das matas nativas são alguns dos responsáveis por esses efeitos dramáticos, como a elevação dos níveis da água do oceano.

O oceano cobre 70,8% da superfície da Terra, e este número vem crescendo de modo assustador. O atual nível do mar é 20 centímetros maior do que no fim do século XIX e calcula-se que poderá subir ainda mais meio metro nos próximos 80 anos. Os territórios que seriam inundados no litoral podem crescer de 12% a 20%, ou seja, até 100 mil quilômetros quadrados ainda neste século. São áreas densamente povoadas, com investimentos industriais e outros, representando ativos de trilhões de dólares.

A física do nível do mar é bem conhecida. A água do mar se expande quando se aquece, e agora mais ainda com o derretimento das geleiras e dos gelos eternos das áreas polares ou próximas delas – e isso somado à liberação de grandes quantidades de dióxido de carbono.

Os estudos sobre os limites dos oceanos, ou seja, o aspecto do litoral nas suas formas e dimensões, deram origem ao que acabou se chamando Teoria do Caos, definida por um estado de desordem e irregularidade. Caos é o estágio intermediário entre o movimento altamente ordenado e o movimento ao acaso. Seriam considerados como fractais, isto é, têm dimensões fracionais.

Em 1967, Benoit Mandelbrot realizou um estudo sobre as dimensões da linha costeira da Inglaterra e observou que, na medida da sua aproximação, não era possível determinar essa medida, pois sofria constantes mudanças. Isso também se aplica aos fenômenos atmosféricos, à meteorologia, ou às formas que tomam as árvores ao crescerem.

Os diferentes aspectos do aquecimento do planeta, embora evidentes, levam às divergências dessa ordem.

26

O aquecimento do planeta não é o único risco catastrófico que nos ameaça.

A Terra está se tornando superpovoada e, consequentemente, os recursos físicos estão se esgotando. A água está cada vez mais escassa. As guerras, além da opção nuclear, agora já podem utilizar-se da informática e da superinteligência. O risco de colisão de asteroide tem probabilidade de acontecer.

A busca pela capacidade de construir bombas nucleares e foguetes transcontinentais já não se limita às grandes potências, atraindo países pobres e não democráticos.

O milênio é o lapso de tempo em que a nossa humanidade sairá pelo espaço cósmico, com o acúmulo de conhecimentos e de tecnologias, que hoje ainda não podemos conceber.

A capacidade dos humanos de evitar ou fugir de catástrofes será usada para embarcar na sua maior aventura, uma jornada em busca de novos planetas onde poderá habitar.

27

Os cientistas Michael Mayor e Didier Queloz compartilharam com James Peebles – que fez descobertas teóricas em Física Cosmológica – o Prêmio Nobel de Física de 2019. Eles realizaram a primeira descoberta de um exoplaneta, ou seja, um planeta fora do Sistema Solar, orbitando uma estrela do tipo solar, em 1995.

Eles exploraram nossa vizinhança cósmica em busca de planetas desconhecidos em nossa galáxia, a Via Láctea. A descoberta deu início a uma revolução na Astronomia. Desde então, foram descobertos quase 4 mil exoplanetas na Via Láctea.

A resposta para a pergunta sobre se há vida fora da Terra pode, agora, um dia ser respondida. E, assim, serão esclarecidas várias questões vitais, desde a Criação até a possibilidade de colonização humana fora da Terra.

28

Uma nova era da exploração espacial está começando.

A chegada à Lua, há 50 anos, inspirou admiração e orgulho, acreditando-se que, a partir daí, o homem poderia ir para qualquer ponto no universo. Mas, na verdade, pouco aconteceu desde então na exploração do espaço.

As próximas décadas deverão ser diferentes, com a atividade espacial indo muito além dos satélites de comunicações, *broadcasting* e navegação. A geopolítica está demandando um novo impulso para mandar seres humanos para além das órbitas de baixas altitudes. O espaço, ao longo do milênio, poderá tornar-se uma extensão da Terra. O novo momento da era espacial já apresenta, por exemplo, a corrida entre os Estados Unidos, a China e a Índia para o envio de pessoas à Lua. Os custos dessas iniciativas caíram muito desde quando Neil Armstrong pôs o pé no solo lunar.

29

Chegou a vez do setor privado participar da exploração do espaço, com capital e ideias. Grandes empresários, entre eles Elon Musk e Jeff Bezos, fundador da Amazon, investem e lideram lançamento de ações no mercado de capitais, visando a empreendimentos espaciais. Mas têm alcance limitado, buscando atividades, como, por exemplo, exploração mineral e turismo.

As agências governamentais, no entanto, são os grandes impulsionadores na busca pela conquista do espaço cósmico. O vice-presidente dos Estados Unidos, Mike Pence, declarou que "por todos os meios necessários" a Nasa, a curto prazo, levaria os astronautas de volta à Lua.

O administrador da agência, logo em seguida, deu nome ao projeto. Seria chamado de Ártemis, a irmã gêmea de Apolo. Na mitologia grega, Apolo foi o nome do projeto original, 50 anos antes, que conduziu o módulo que levou o primeiro astronauta a pisar no "Mar da Tranquilidade" da Lua.

Mas Ártemis não estará sozinha. A agência espacial da China planeja colocar gente na Lua em 2035.

Agências europeias, indianas, japonesas e russas lançarão robôs. Também existe um sentimento de comunidade, que criaria a "village lunar", que seria uma base na Lua. Os residentes dessas instalações vão testar a resistência humana, a psicologia e a tecnologia, com objetivos voltados para a construção de uma vila em Marte.

30

Nos próximos tempos dessa nova era, o espaço será como uma extensão da Terra, uma arena para empresas e indivíduos, não apenas para governos.

Esse novo momento deverá exigir a criação de um sistema de leis para governar os céus, tanto em tempos de paz quanto, eventualmente, em tempos de guerra.

É um grande problema a ser resolvido e um risco catastrófico a ser evitado. E, para isso, será necessário desenvolver uma legislação específica nesse sentido.

O tratado do Espaço Exterior de 1967 declara o espaço como sendo "a província de toda a humanidade" e proíbe declarar soberania em algum lugar. Esses termos abrem possibilidades de várias interpretações.

Os Estados Unidos aceitam que empresas privadas possam desenvolver bases para explorar recursos; enquanto a lei internacional é ambígua.

Essas incertezas aumentam o risco do uso da força no espaço. A capacidade americana de projetar força na Terra depende de sua extensa rede de satélites. Outros países, conhecendo esse fato, construíram armas antissatélites.

A atividade militar no espaço não tem protocolos ou regras de engajamento.

Para que a humanidade alcance o desejo de progresso no espaço, é necessário prover sua governança.

Num tempo em que o mundo não consegue chegar a um acordo terrestre sobre o comércio de barras de aço e da soja, essa governança espacial é uma tarefa muito difícil. É parte de um processo de paz e harmonia a que a nossa humanidade terrena não consegue chegar.

É ainda o dilema: evolução espiritual ou catástrofe final.

Epílogo

O ciclo de sucessivas eras de gelo e de erupções vulcânicas e de pelo menos um impacto de asteroide durou 475 milhões de anos. Essa "canção de gelo e de fogo" mudou a face da Terra muitas vezes. Causou extinções em massa e subsequentes irradiações evolucionárias, que resultaram numa grande expansão da diversidade de formas de vida.

É simplesmente maravilhosa a interação entre a Geologia, a Geoquímica e a Biologia para a criação de organismos que passam os seus genes por gerações sucessivas.

A evolução precisa continuar a se mover.

É provável que em vários planetas tenha havido a formação de vida e o desenvolvimento de seres inteligentes, mas, com um sistema instável, a vida inteligente acaba por destruir a si mesma.

No planeta azul que a Criação nos deu como morada, no dilema entre a espiritualidade que salva a vida e a selvageria que leva à catástrofe final, minha escolha é a adesão à fé e à razão espirituais, que asseguram milênios infindos de ascensão cósmica.

É a herança que deixo para os que me sucedem.

Bibliografia

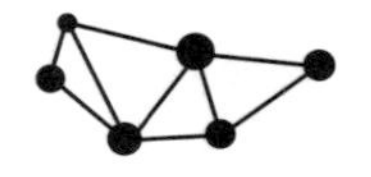

AGAR, Nicholas. *The Sceptical Optimist*: Why Technology Isn't the Answer to Everything. United Kingdon: Oxford University Press, 2015.

ATTALI, Jacques. *Blaise Pascal ou le génie français*. Paris: Fayard, 2000.

BAGGOTT, Jim. *Origins*: The Scientific Story of Creation. United Kingdon: Oxford University Press, 2015.

BEHE, Michel. *A caixa preta de Darwin*. Rio de Janeiro: Jorge Zahar, 1997.

BOSTROM, Nick. *Superintelligence*: Paths, Dangers, Strategies. United Kingdon: Oxford Univesity Press, 2014.

DIAMOND, Jared. *Colapso* - como as sociedades escolhem o sucesso ou o fracasso. Rio de Janeiro: Record, 2005.

FOER, Franklin. *O mundo que não pensa*. São Paulo: Leya, 2018.

GLEICK, James. *Chaos – making a new Science*. London: The Folio Society, 2015.

GLEISER, Marcelo. *O caldeirão azul*. O universo, o homem e seu espírito. Rio de Janeiro: Record, 2019.

GOULD, Stephen Jay. *Rocks of Ages*: Science and Religion in the Fullness of Life. New York: Ballantine Books, 2002.

GREENE, Brian. *The Elegant Universe*. London: The Folio Society, 2017.

GUITTON, Jean. *Dieu et la Science*. Paris: Bernard Grasset, 1991.

HAWKING, Stephen. *Breves respostas para grandes questões*. Rio de Janeiro: Intrínseca, 2018.

KEVE, Tom. *Trois explications du monde*. Paris: Albin Michel, 2010.

LE CUN, Yann. *Quand la machine apprend*. Paris: Odile Jacob, 2019.

LORENZ, Konrad; POPPER, Karl. *L'Avenir est ouvert*. Paris: Flammarion, 1990.

MUKHERJEE, Siddhartha. *O imperador de todos os males*: uma biografia do câncer. São Paulo: Companhia das Letras, 2012.

REES, Martin. *Just Six Numbers*. New York: Basic Books, 2000.

TABACOF, Boris. *Perdidos e achados*. São Paulo: Hucitec, 2005.

________. *Espírito de empresário*. São Paulo: Gente, 2015.

WRANGHAM, Richard. *The Goodness Paradox*. New York: Panthen Books, 2019.

O autor

Boris Tabacof nasceu em Salvador, Bahia, filho de imigrantes descendentes da antiga Rússia. Formou-se em Engenharia Civil pela Escola Politécnica da Universidade da Bahia. Teve intensa atividade pública, tendo sido Secretário da Fazenda do Estado da Bahia. Transferiu-se para São Paulo, onde atuou como alto executivo nas áreas bancária e industrial, participando na direção de entidades representativas dos empresários. Demonstra desde sempre interesse pela vida cultural, publicando livros de difusão científica e questões filosóficas.

GRÁFICA PAYM
Tel. [11] 4392-3344
paym@graficapaym.com.br